아름다운 우리
새

아름다운 우리 **새**

초판 1쇄 인쇄 | 2005. 5. 17
초판 1쇄 발행 | 2005. 5. 25

지은이 | 이종렬
펴낸이 | 손상목
펴낸곳 | 도서출판 인디북

기　획 | 안승철
편　집 | 김연순　신선균　조혜민
디자인 | 디자인텔
마케팅 | 최영태　박현수　정현철
관　리 | 김봉환　남주연

등록일자 | 2000. 6. 22
등록번호. | 제 10-1993호
주　소 | 서울시 마포구 현석동 105-56 3층
전　화 | 02)3273-6895　팩　스 | 02)3273-6897
홈페이지 | www.indebook.com
ISBN 89-5856-063-0 03810

* 잘못 만들어진 책은 구입처나 본사에서 교환해 드립니다.

아름다운 우리 새

글·사진 이종렬

인디북

추천의 글

아름다운 자연, 그리고 새를 사랑하는 기자

예부터 우리나라의 산과 들, 바다가 담고 있는 자연의 아름다움 속에는 온갖 새들의 지저귐이 있었다. 맑고 깨끗한 환경 속에서 새들은 건강하게 번식하여 왔다.

넓은 시베리아 대륙에서 번식한 각종 철새들이 봄, 가을이면 우리나라를 거쳐 남쪽나라로 날아가며, 우리와 함께 일년 사계절을 살아가는 텃새 또한 풍부해 전국 어디서나 쉽게 다양한 새를 볼 수 있었다. 그래서 조상들로부터 전해 내려오는 새에 대한 전설이나 속담이 많았다. 그러나 이렇게 우리 조상 대대로 사랑을 받아 오던 새들이 점점 자리를 잃어 가고 있다는 사실은 실로 심각하지 않을 수 없다.

30년이 넘게 마음에 날개를 달고 나의 친구이자 연인인 새를 찾아다니고 있다. 그리고 그들의 생태에 대해 연구하고 아름다움을 기록하고 있다. 새를 찾아다니다 보면 새와 함께 많은 사람들을 만나게 된다. 새를 사랑하는 사람들과 만나 새에 대한 이야기를 나누며 밤을 지새우는 것도 새를 보는 것만큼 내겐 큰 즐거움이 아닐 수 없다. 이종렬 기자와의 만남도 역시 그렇게 이뤄졌다.

이 기자와의 인연은 지난 1994년으로 거슬러 올라간다. 이 기자는 새로운 새를 발견하면 이름과 생태 등을 문의하기 위해 조류학자인 나에게 전화를 하곤 했다. 평소 많은 기자들이 전화를 해서 새에 대해 물어 오기 때문에 그도 '새에 관심이 있는 기자 중의 한 명'이란 생각밖에 하지 못했다. 시간이 흘러 전화가 잦아지고 충남 서산 철새 도래지 등에서 여러 차례 만나면서 이 기자의 새에 대한 열정을 알게 됐다.

이런 인연으로 2000년 5월, 나는 부산의 해안 절벽가인 '이기대'에 솔개 번식지가 있

추천의 글

이야기보따리를 풀어내는 이종렬의 사진미학

사진은 왜 찍는다고 말할까. 카메라를 통해 대상을 있는 그대로 찍어 낸다는 의미를 드러내기 위해서다. 카메라의 렌즈나 인간의 눈이 정말 대상 그 자체를 받아들이고 있는 것일까. 적어도 칸트 이전의 시대에는 그렇게 생각해 왔다.

칸트는 우리의 대상인식은 오성이라는 인간의 인식틀 범위에서 이뤄진다고 당시로써는 획기적인 주장을 했다. 인식의 주체가 바깥의 대상이 아니라 인간의 인식틀에 있음을 깨닫게 해 주었다. 오늘에야 일정한 빛의 파장 범위에서만 우리는 대상을 알아보게 된다는 사실 등이 모두의 상식이 됐지만. 어쨌든 칸트로 인해 인류는 인식론에서 코페르니쿠스적 전환이 가능해졌다.

생태사진가 이종렬의 새鳥 사진은 바로 칸트적 인식론의 내재적 틀을 철저히 긍정하면서도 대상을 향한 지향성을 여전히 포기하지 않는 데에 미학적 비덕이 있다. 자연에 속해 있는 새를 단순히 바라보는 자의 시각에서만 포착하지 않는다. 다가가서 하나가 된다. 그의 새 사진을 바라보고 있노라면 마치 내가 새가 되어 거기에 있는 듯한 착각에 빠진다. 새가 되어 새를 찍고 있는 것이다. 작은 새들이 옹기종기 앉아 있는 모습을 찍은 사진에서 이는 여실히 드러난다. 작가의 시선이 작은 새의 눈높이에 맞춰져 있음을 금방 알아차리게 된다.

새 사진은 자칫 하면 학습 도감 등에서 흔하게 접해 볼 수 있는 수준에 머물기 쉽다. 그만큼 어렵다는 얘기다. 작가의 새 사진이 울림으로 다가서는 또 다른 이유는 무엇보다도 생태계라는 큰 틀 속에서 새를 바라보고 있다는 점이다. 그 지점에서 새의 이야기는 인간

　의 이야기가 되고 자연의 이야기가 된다. 아침 햇살을 받는 새의 몸짓에선 희망과 약동이 펄떡거린다. 저녁 햇살과 낙조를 배경으로 한 새는 어딘지 모르게 몽환적이면서도 로맨틱하고 감상적인 분위기를 풍긴다. 인간의 희로애락이 중첩되고 있는 것이다. 군집을 이룬 새의 모습에서 인간의 군상들을 본다.

　사진 속 새들은 삶의 무대 위 주인공들이다. 그저 찍혀진 초상이 아닌 인생무대에 선 배우들이다. 조명이 비쳐진 화려한 연극무대처럼 새들은 나름의 색들을 배경으로 서 있다. 프랑스 영화〈남과 여〉에서 화면 색깔로 주인공의 심리상태를 보여 주는 모습이 연상된다. 작가의 스토리텔링을 위한 치밀한 계산이 엿보인다. 사진 속 새들은 연인과 부부, 부모의 사랑을 보여 준다. 배경 색들은 그런 이미지들을 그림처럼 백업하고 있다.

　사진은 빛을 다루는 타이밍의 예술이다. 작가는 빛과 씨름을 하고 대상과 하나가 된다. 결국엔 사진은 작가 자신의 이야기를 풀어내는 보따리가 되고 있다. 향후 과제가 있다면 자신과 대상 어느 쪽에도 치우치지 않는 팽팽한 긴장감을 즐기면서 나름의 사진미학을 완성하는 일이다. 이번 그가 펴내는 책과 사진전은 그 일단을 보여 주는 자리라 할 수 있다.

편완식 | 평론가

추천의 글

새를 가장 잘 아는 사람, 이종렬의 '새' 이야기

이종렬은 우선 새에 대해 알고 나서야 카메라에 담습니다. 그리고 3년을 찍고 나서야 그 새를 조금 알게 되었다고 수줍어하는 사람입니다. 그는 조류학자가 논문을 쓰듯이 한 마리 새를 알기까지 오직 그것만을 생각하는 학자적 기질로 접근하는 사람입니다.

수리부엉이의 무시무시한 사냥꾼 자세나 카리스마 넘치는 커다란 눈망울에서 서식지 파괴로 힘들게 살아가는 슬픈 눈빛을 담으려 노력합니다. 새를 괴롭히지 않으려 고민하고, 귀한 장면을 찍을 기회를 과감하게 포기할 줄도 알며, 새가 행여 번식에 실패하면 그 모든 책임이 자신에게 있지나 않는지 괴로워합니다. 보다 좋은 사진을 찍기 위해 둥지 주변의 나무를 자르는 사람들을 경멸합니다. 새를 바라보는 일반 사람들의 편견에 대항하여 사라져 가는 안타까움을 새들의 진정한 아름다움에 담아 전달할 줄 아는 사람입니다.

보통 사람들은 처음 새를 보면 이름부터 알기를 원하고, 특징을 보고 나면 마치 다 아는 듯이 말하는 경우가 많습니다. '이종렬의 새 이야기'는 이렇듯 단순히 이름만 알려 주는 것이 아니라 친구의 성격까지 말해 주는 듯합니다. 읽다 보면 어느새 그 새의 매력이 무엇이고 사랑스런 이유에 대해 알게 됩니다. 지금까지 조류 생태 사진을 담은 책들과 새의 특징을 묘사한 도감들은 많이 나왔지만, 새를 만나며 느낄 수 있었던 감정을 솔직, 담백하면서도 정직하게 표현한 책은 없었습니다.

우리는 이 책을 읽어 가며 그동안 몰랐던 새들의 사연과 뒷이야기를 알게 됩니다. 이종렬이 아니고는 도저히 써낼 수 없는 '비키니 미녀, 큰뒷부리도요', '에메랄드 보석 눈

빛, 쇠가마우지', '나르시스의 후예, 물닭' 등의 신선한 문구와 사진들을 접하며 여러분들은 행복한 자극을 받을 것입니다. 이 책은 새들의 자연스럽고 아름다운 모습만이 아니라 함께 살아가길 바라는 안타까움과 희망의 메시지를 전달하고 있습니다.

이기섭 | 한국환경생태연구소

프롤로그 Prologue

　이 땅에서 우리와 함께 살아가는 야생동물들의 아름다움과 그들이 얼마나 어렵게 이 세상을 살아가는지를 전하기 위해 나는 10여 년 동안 새들과 함께 해 왔다. 사람들이 살아가기 편리하게 바꿔 놓은 자연환경은 야생동물의 생존에 큰 영향을 끼치고 있고 종종 그들을 삶과 죽음의 갈림길에 서게 한다.
　야생동물을 사진으로 담는 생태사진 작업은 참으로 쉽지 않은 일임을 깨닫곤 하지만 동시에 그것은 대학시절부터 20여 년이 넘게 카메라와 인연을 맺고 있는 내게 가장 큰 즐거움을 주는 일이 아닐 수 없다. 새는 사람의 마음을 사로잡는 묘한 매력이 있다. 작은 놈들은 작은 놈들대로 그 아기자기한 몸짓으로 웃음 짓게 하고 덩치가 큰 놈들은 그 우아한 자태로 마음을 빼앗곤 한다.

　새에 대한 매력에 빠져들면 들수록 내 마음속엔 왠지 모를 허전함이 늘상 존재하고 있었다. 이는 바로 내가 촬영한 사진들이 그 새가 갖고 있는 아름다움을 표현하는 데 절반도 미치지 못하고 있기 때문이었고 새들의 처지를 이해하지 않은 채 단지 사진적인 촬영의 대상으로서만 새를 바라보고 쫓아다닌 결과였다. 사진을 촬영하는 대상에 애정을 갖지 않고 사진에서 아름다움을 찾으려 했던 나의 생각과 행동이 얼마나 어리석었던지…….
　새들의 소중함을 일깨우겠다고 시작한 사진작업으로 인해 오히려 내가 새를 가장 괴롭히고 있는 장본인이 된 건 아닐까 하는 자책감에 한동안 사진작업을 중단하기도 했다. 19세기 말, 사라져 가는 희귀한 생물의 표본을 갖고자 한 수집가들의 욕심 때문에 비록 그들의 업적이 현재 유용하기는 하지만, 마지막으로 남아 있던 수많은 종들이 사냥을 당해 이 땅에서 완전히 사라지고 말았다. 마찬가지로 정작 내가 그들을 힘들게 하고 있는 것은 아닌지 되묻지 않을 수 없었다.

나는 생각도, 촬영 방식도 바꾸고 새로 작업에 들어갔다. 내 마음속에서 사모하듯 뜨거운 감정을 불러일으키는 새, 내 시선을 붙잡은 채 좀처럼 그 인연의 끈을 놓지 않는 새, 나를 호기심 가득한 어린아이로 만들어 놓는 새, 그 자태가 너무 신비스러워 바라만 보아도 행복해지는 새들을 찾아 사진에 담았다.

나는 한 종의 새를 만나면 그 새의 생태와 처지를 이해하려고 노력하고 마음속에 그 새가 자리 잡고 애정이 깃들 때까지 하염없이 바라보고 또 바라본다. 나의 느낌이 완성될 때까지, 그 새의 아름다움이 제대로 표현되기까지 많은 시간과 정성을 들였고 그래도 부족하다고 느끼면 두 해, 세 해 동안 사진작업에 매달리기도 하였다. 가녀린 호흡이 느껴질 만큼 가까이 다가온 새들을 만날 땐 숨소리조차 내지 못한 채 그저 그들이 내 곁에서 오랫동안 편히 머물길 바랐고 나 역시 그들의 눈높이에서 이 세상을 바라보고자 했다.

그간 이렇게 만난 새들의 아름다운 모습과 이야기를 담아 책을 내게 되었다. 『아름다운 우리 새』는 《세계일보》에 1년여 동안 연재한 〈이종렬의 새 이야기〉에 근간根幹을 두고 있지만 지면 관계상 싣지 못했던 다양한 새 사진과 이야기를 더함으로써 부족했던 부분을 채웠다.

한 가지 주제를 정하고 오랫동안 사진작업을 하다 보니 점차 새들에 대한 이해와 식견이 넓어지고 애정도 깊어진다. 새들을 열심히 찾아다닌 덕에 우리나라에선 좀처럼 볼 수 없는 미조迷鳥나 미기록종을 만나기도 하였는데, 그러다 보니 동료 기자들 사이에서 '새 전문기자'란 소리도 듣고, 새와 관련된 특종상도 받게 되었다.

『아름다운 우리 새』는 새를 체계적으로 연구한 이의 저술이 아니다 보니 생태학적으로 적절하지 못한 표현도 있고 학술적으로 정설이 아닌 이야기도 담겨 있다. 우리 주변에서 살아가는 아름다운 새들을 쉽고 재미있게 사람들이 이해할 수 있도록 돕고자 하였기

에 넓은 아량으로 보아 주시길 바란다.

  끝으로 새의 소중함과 아름다움을 일깨워 주신 천수만 습지연구센터 한종현님, 안재희님, 한국환경생태연구소 이한수님, 이기섭님, 서산 부석사 주경스님, 원우스님, 다큐멘터리 카메듀서 김수만님, 생태사진가 서정화님과 작업 장면을 다큐 동영상으로 제작해 주신 한문식님, 장창광님, 나의 영원한 스승 한태덕 선배, 특히 추천사를 써 주신 경희대 윤무부 교수님, 편완식님, 이기섭님 그리고 인디북 손상목 사장을 비롯한 임직원 여러분께 감사를 드린다. 마지막으로 20년이 넘게 사진 찍는 일을 옆에서 후원해 준 아내 유미경과 고집스런 아들이 하는 일들을 말없이 후원해 주신 부모님께 이 책을 드리고 싶다.

2005년 5월 15일
이종렬

목 차

추천의 글 _ 4
프롤로그 _ 11

못 다한 사랑을 이루려는 젊은 부부의 환생 **검은머리물떼새 _** 18
단발머리 소녀 같은 **저어새 _** 34
요술피리를 부는 **뿔종다리 _** 50
신의를 지키는 새 **기러기 _** 62
희망의 새 **파랑새 _** 78
호수의 발레리나 **큰고니 _** 86
자연의 행위예술가 **가창오리 _** 98
산신령을 닮은 **검은등할미새 _** 106
오빠를 부르는 **뜸부기 _** 118
산사나무의 귀염둥이 **곤줄박이 _** 124
숲속의 드러머 **딱따구리 _** 132
수다쟁이 **직박구리 _** 142
선비의 고고한 자태를 지닌 새 **두루미 _** 150
기쁜 소식을 전하는 나라 새 **까치 _** 168
대륙을 넘나드는 아름다운 비행가 **독수리 _** 176

선한 사람들의 환영幻影 **노랑부리저어새** _ 188

새 중의 새 **참새** _ 200

도시의 사냥꾼 **황조롱이** _ 208

기생오라비 같은 **원앙** _ 218

쭉쭉빵빵 **장다리물떼새** _ 228

마법의 눈을 가진 **가마우지** _ 238

뱁새라고 불리는 **붉은머리오목눈이** _ 250

청렴한 선비를 상징하는 **백로** _ 258

태양의 서조瑞鳥 **까마귀** _ 274

모래섬의 터줏대감 **쇠제비갈매기** _ 282

강인한 모성애의 상징 **흰목물떼새** _ 294

물고기를 잡는 호랑이 **물총새** _ 304

흰 저고리에 검정 치마를 입은 **황새** _ 310

밤의 제왕 **수리부엉이** _ 320

가장 높이, 가장 멀리 나는 **마도요** _ 332

부 록 _ 347
참고문헌 _ 360

"이 책은 방일영문화재단의 지원을 받아 저술·출판 되었습니다."

자연과 사람이 공존하는 세상을 꿈꾸다

Eurasian Oystercatcher

못 다한 사랑을 이루려는 젊은 부부의 환생
검은머리
물떼새

고기잡이를 나간 지아비는 며칠이 지나도 감감무소식이다.

폭풍에 휩쓸려 저세상으로 떠난 것일까. 애태우던 아내는 남편에 대한 그리움을 참지 못하고 바닷가를 서성이다 끝내 바다에 몸을 던지고 만다. 폭풍과 사투를 벌여 구사일생으로 돌아온 남편. 하지만 아내는 이미 이 세상 사람이 아니다. 정신없이 울부짖던 그 역시 바다에 몸을 던져 사랑하는 아내의 뒤를 쫓는다.

어느 날 이들 부부가 몸을 던진 해안에는 이름 모를 새 한 쌍이 서러운 듯 애틋한 울음을 주고받으며 뜨겁게 사랑놀음을 펼친다. 사람들은 젊은 부부가 못 다한 사랑을 나누기 위해 새로 환생한 것이라고 믿었다.

흐린 날씨 탓일까 따듯하던 봄바람이 제법 한기를 느낄 정도로 스산하게 불어 댄다. 흰물떼새, 쇠제비갈매기들이 새끼를 키우는 장소로 알려진 간월호 모래섬에 검은머리물떼새가 둥지를 틀고 번식에 들어간 것을 확인한 지 20여 일 만에 다시 이곳을 찾은 나는 모래가 섞인 바람을 맞으며 이들의 탄생을 기다리고 있다. 산고의 고통을 참아 내고 24일간의 알 품기 끝에 새 생명을 탄생시키려는 검은머리물떼새를 시기하려 함일까, 이를 훔쳐보는 나를 경계하려 함일까 며칠 동안 포근했던 봄날이 하루 종일 변덕을 부린다.

마른풀 한 포기를 울타리 삼아 모래바닥에 둥지를 튼 검은머리물떼새는 알에서 빠져나오기 위해 버둥거리는 새끼에게 이따금 짧게 삐비- 삑- 삑- 거리며 새끼를 부르는 소리를 내는데 그 모습이 "아가야, 어서 나오렴." 하고 말하는 듯하다. 알에 숨구멍이 뚫리면서 부화가 시작된 지 세 시간 만에 드디어 첫 번째 놈이 세상으로 나왔다. 위장막에서 숨죽인 채 새들의 탄생 과정을 지켜보는 나는 마치 내 아이의 출산을 기다리는 양 초조해하다가, 새끼가 무사히 알을 깨고 세상으로 나오는 모습을 보고 나서야 안도의 숨을 쉰다.

이제 겨우 솜털이나 말랐을까. 한 걸음 한 걸음 뗄 때마다 땅바닥에 연신 엉덩방아를 찧으며 제대로 걷지도 못하는 새들에게 먹이를 주기 위해 어미새는 본능적으로 새끼들을 불러 길을 나선다. 어미새가 새끼들을 데리고 쇠제비갈매기의 둥지 영역을 가로지르는 바람에 평화롭던 모래섬이 검은머리물떼새와 쇠제비갈매기들이 벌이는 추격전으로 한바탕 소란이 일어난다. 이 틈에 무사히 물가로 이동한 새끼들은 어미가 찾아 주는 먹이를 주워 먹으며 비로소 세상살이를 시작한다. 그리고 나와 검은머리물떼새와의 인연도 이렇게 시작되었다.

서해안 고속도로를 타고 서울에서 목포 방향으로 두어 시간을 달려 충청남도 서천에 이르면 전라도와 충청도를 굽이굽이 돌아 힘겹게 내려온 금강을 만날 수 있다. 말 없이 397.25km를 내려온 금강이 하구 둑에서 잠시 거친 숨을 고르다 바다에 흘러들어 강물에 녹아 있던 모래며 각종 유기물들을 하구의 넓은 갯벌에 토해 놓으면, 갯벌에서 살아가는 많은 생명들은 이를 먹고 분해하여 갯벌을 기름지게 만든다. 황금모래 갯벌이 물고기 비늘처럼 펼쳐진 금강 하구에 동아시아 최대의 검은머리물떼새 월동지 유부도有父島가 있다.

섬의 면적은 0.77㎢로 아주 작지만 썰물이 되면 섬 주변에 드러나는 황금빛 모래갯벌

◀ 검은머리물떼새의 날갯짓

수천 마리의 검은머리물떼새들이 밀려들어 오는 파도를 피해 한꺼번에 날아올라 하늘을 뒤덮는다. 처음 유부도에 왔을 때 이들의 써클링을 보았고 그토록 오랫동안 이런 장면이 연출되길 기다려 왔지만, 단 한 차례 내게 촬영 기회를 주었을 뿐 다시는 이런 모습을 만나지 못했다. 2003.

이 끝이 보이지 않을 정도로 광활하게 펼쳐진다.

섬에서 작업을 하려면 욕심을 버려야 한다. 섬은 나의 의지와 상관없이 바다가 허락하지 않으면 들어갈 수도 나올 수도 없고, 물때나 기온에 따라 새들의 활동 범위도 바뀌기 때문에 단번에 좋은 장면을 담겠다고 성급한 마음을 가지면 아무것도 얻지 못한 채 실망감만 안고 돌아서기 때문이다. 촬영할 욕심에 바다가 허락하지 않음에도 불구하고 무리하게 출입을 시도했던 사진가들이 바다에 카메라를 선물하고 간신히 목숨만 건져 되돌아가는 경우를 종종 볼 수 있다.

오늘은 음력 그믐. 한달에 한 번씩 찾아오는 이날은 바닷물의 수위가 최고조에 달해 밀물이 들어 만조가 되면 갯벌이 바닷물에 모두 잠기고 새들은 물에 잠기지 않는 쉼터를 찾아 한자리에 모여든다. 새벽길을 달려 도착한 나는 갯벌이 바닷물에 다 잠겨 버리기 전에 서둘러 해안으로 나선다. 그리고 위장막을 설치하고 들어가 세 시간 후면 찾아올 검은머리물떼새의 멋진 자태를 상상하며 조용히 상념에 젖어 본다.

과거의 아픈 기억은 가슴 깊이 묻어 두고 싶었던 것일까. 턱시도를 차려입은 듯한 말쑥한 외모가 슬픈 전설의 주인공이라기보다는 무도회장의 신사 같다. 그러나 서러움이랄까 애절함을 머금은 울음소리는 어쩔 수 없이 슬픈 전설을 읊조리는 듯하다.

숨죽인 기다림 끝에 위장막 앞뒤로 검은머리물떼새가 모여들기 시작한다. 손을 뻗으면 잡힐 듯 가깝게 다가온 턱시도 신사들. 요동치는 가슴, 떨리는 손끝으로 카메라의 셔터를 누른다.

갯벌에 모여든 수천 마리의 검은머리물떼새들이 밀려드는 파도를 피해 동시에 하늘로 날아올라 큰 원을 그리는 써클링을 시작한다. 하늘을 뒤덮을 듯 날아오른 검은머리물떼새들이 군무를 펼침으로써 오늘의 무도회는 피날레를 장식한다. 이미 수십 차례나 본 장면이지만 볼 때마다 이토록 아름답고 황홀한 공연이 또 있을까라는 생각이 든다.

짜릿했던 감동의 순간이 지나고 검은머리물떼새들이 하나, 둘 썰물을 따라 갯벌로 나가 버리면, 홀로 남겨진 나는 사진으로 담지 못한 아쉬운 순간을 되새기며 안타까워한다. 장비는 물론 온몸의 감각까지 꽁꽁 얼어 버리는 강추위 속에서도, 귀와 코 그리고 눈과 입속까지 들어오는 고운 모래바람이 휘몰아치는 날에도, 나는 저들을 보기 위해 수없이 이곳 유부도 갯벌을 찾았다. 그토록 많은 시간을 이곳에서 보냈지만 검은머리물떼새에 대한 나의 사진 찍기는 끝나지 않았다. 아직도 검은머리물떼새들은 나에게 많은 이야기를 하고 있고 나도 그들의 슬픈 이야기를 다 기록하지 못했기 때문이다. 그래서 나는 또 다시 유부도를 찾는다. 그들과 함께 노니는 꿈을 꾸며.

◀ 눈 내린 해안
서설이 내린 유부도 갯벌에서 휴식을 취하는 검은머리물떼새들. 하얗게 빛나는 눈밭에 서 있는 검고 붉은 이들의 자태가 더욱 아름답게 느껴지지만 겨울나기를 하는 이들이나 그 모습을 지켜보는 나에게도 겨울은 참으로 힘든 계절이다. 2003.

Black-Faced Spoonbill

단발머리 소녀 같은
저어새

　봄바람이 한들한들 불고 태양의 따뜻한 기운이 느껴지는 4월이면 강화도 주변의 논이나 갯벌에서 단발머리 소녀처럼 머리에 길게 자라난 장식깃을 찰랑거리고 넓적한 부리를 좌우로 휘저으며 먹이를 찾는 새를 만날 수 있다. 부리를 좌우로 저으며 먹이를 찾는다고 해서 저어새란 이름을 얻은 이 새를 보면 나는 항상 가슴 한쪽이 저려오는 애틋한 감정에 젖는다. 우리나라와 일본, 그리고 대만과 홍콩의 자연습지에서 조상 대대로 살아왔건만, 이젠 삶의 터전으로 살아온 습지가 메워지고 서식지 주변의 환경 변화로 먹잇감인 물고기와 각종 수서생물이 급격히 줄면서 멸종 위기에 내몰린 그들의 처지가 안타깝

기 때문이다.

그때까지 저어새와 특별한 인연이 없었던 나는 그들의 소식을 전하기 위해 강화도 갯벌 여기저기를 헤매고 다닌 끝에 강화군 흥왕리의 한 양어장 주변에서 휴식을 취하고 있는 50여 마리의 저어새를 보았고, 그 독특한 외모와 매력에 빠져 지금까지 저어새의 신비로움에 사로잡혀 있다.

조류학자나 생태연구가들이 우리나라를 대표할 만한 새를 꼽을 때 그 첫째 순위에 오르는 것 중 하나가 바로 '저어새'이다. 하지만 명성이나 중요성만큼 잘 알려져 있지 못하니, 내가 저어새의 아름다움을 사진으로 담아 사람들에게 내보이겠다고 생각한 것도 무리는 아닌 것 같다.

저어새는 아직도 그 생태가 제대로 밝혀진 바 없는, 보면 볼수록 묘한 매력이 있는 신비스러운 새다. 밥주걱 같은 검은 부리, 눈 밑에는 황금색 아이섀도로 멋을 내고 붉은색의 눈동자는 우수에 젖어 있는 듯하다. 노랗게 빛나는 가슴과 단발머리 소녀 같은 머리의 장식깃은 매력을 더하고, 비상하는 자태는 신비감 그 자체가 아닐 수 없다. 이같은 저어새의 99%가 한반도 서해 갯벌에서만 새끼를 키워 낸다고 하니 우리나라를 대표하는 새로 추천되는 건 어찌 보면 당연한지도 모르겠다.

강화도에서 뱃길로 세 시간을 달린 후 작은 고무보트로 옮겨 타고 30여 분을 더 가면 면적이라고 해야 대략 330평밖에 되지 않고 나무 한 그루 자라기 어려운 암석으로 이루어진 척박한 돌섬, 석도에 이른다.

나는 이곳에서 나와 특별한 인연을 갖게 될 점박이(가슴에 작은 점들이 박혀 있는 저어새), A26, T30 등을 만났고, 그 만남은 저어새에 관해 아무것도 몰랐던 내가 저어새의 생태를 공부하는 계기가 되었다. 2003년 6월 11일 석도에서, 홍콩의 마이포 습지에서 보툴리누

스에 감염돼 사람들에 의해 구조된 후 2001년 1월 자연으로 방사된 A26을 만났을 때의 기쁨은 말로 표현할 수 없을 만큼 황홀한 순간이었다. 더욱이 이놈이 두 마리의 새끼를 키우고 있는 것이 확인돼 저어새를 사랑하는 많은 사람들에게 기쁨을 선사하였다.

A26의 발견은 홍콩에서 월동하고 있는 저어새들이 우리나라에서 번식하고 있음을 확인한 최초의 기록이며 외국에서 가락지를 채워 방사한 저어새가 우리나라에서 번식하고 있는 것을 확인한 최초의 기록이기도 했다.

A26과의 인연은 거기에서 끝나지 않았다. 이듬해인 2004년 5월 네 번째 석도 방문에서 새끼 세 마리를 키우고 있는 모습이 재차 확인되었는데, 이는 저어새가 번식지를 옮길 만한 특별한 요인이 없다면 같은 장소를 선호한다는 번식 생태를 밝혀 주는 의미 있는 순간이었다.

같은 날, 대만에서 월동하는 저어새들도 우리나라에서 번식한다는 것을 공식 확인해

▶ **고향 찾은 저어새**
푸른 파도가 넘실거리는 서해 비무장지대 인근 석도의 바위 위에 저어새들이 꿈을 꾸듯 서 있다. 2004.

▲ T30과 새끼 두 마리

준 T30을 석도에서 처음 만났다. 그리고 이놈이 바로 옆에 둥지를 튼 재갈매기의 위협으로부터 알과 함께 두 마리의 새끼를 무사히 키워 낸 사실을 알았을 때 나는 안도의 기쁨과 대견함에 환호를 질렀었다.

그런데 우리나라와 비슷한 기후조건을 가진 중국이나 일본에도 저어새들이 번식지로 택할 만한 조건을 가진 작은 무인도나 갯벌, 습지 등이 있는데, 이들이 유독 우리의 강화도 인근에서만 번식하는 이유는 무엇일까.

우리나라에는 인간의 개발 위협으로부터 벗어난 50년 동안 동물들이 가장 평화롭게 살아온 비무장지대(Demilitarized Zone)라는 특수한 공간이 있기 때문이다. 실제로 저어새가 가장 많이 번식하는 유도와 역섬은 비무장지대 안에 있고 그외 번식지들도 대부분 비무장지대에 인접해 있다.

▼ 저어새의 고향 석도

1989~1990년 겨울 저어새가 서식하고 있는 한국, 일본, 대만, 홍콩에서 날짜와 시간을 정해 놓고 조사하는 동시조사를 통해 모두 294마리의 개체가 확인되었다. 이후 국제사회의 저어새 보호활동에 힘입어 그 수가 해마다 조금씩 늘어 1996~1997년 조사에는 535마리, 1999~2000년 조사에는 660마리, 2004~2005년 조사에는 1,475마리까지 확인됐으나 종족 보존을 위한 안정적인 수가 되기에는 아직 턱없이 부족한 형편이다.

앞으로 저어새들이 멸종의 위기를 벗기 위한 답은, 저어새들이 자신들의 후손을 낳고 키우기 위해 찾아오는 이 땅에서 함께 살아가고 있는 우리들이 저어새 보호를 위해 얼마나 노력하느냐에 달려 있다. 갯벌과 습지의 파괴가 어디 이 새의 생존에만 영향을 끼칠까마는, 지금 우리의 갯벌과 습지에서 살아가는 저어새는 그야말로 풍전등화의 위기에 처해 있다고 할 수 있다.

■
Crested Lark

요술피리를 부는
뿔종다리

　제법 쌀쌀했던 4월의 어느 날, 샛별이 총총히 빛나는 이른 아침에 뿔종다리를 보기 위해 길을 나섰다. 뿔종다리를 만난다는 설렘 때문일까 모처럼 산사에서 보낸 하룻밤이 길게만 느껴졌다. 봄기운이 만연한 들녘에 조용히 앉아 뿔종다리의 울음소리를 듣고 있자면 요술피리를 부는 듯한 그 맑고 청량한 노랫소리에 취해 시간 가는 줄 모르고 놈들을 바라보게 된다.
　종다리는 울음소리가 가장 진화한 새답게 사랑을 위한 노래, 영역을 지키기 위한 노래 등 노래를 분별하는 능력을 가지고 있고, 노랫소리의 레

퍼토리 또한 다양해 사람들로부터 사랑을 받아 온 명가수요 우리의 오랜 친구이다.

옛사람들은 종다리가 하늘 높이 올라가 부르는 노랫소리가 잘 들리면 날씨가 좋고, 그렇지 않으면 흐리다는 식으로 날씨를 점치기도 하였다.

이렇듯 우리의 농촌에서 쉽게 만날 수 있었던 종다리가 그들의 서식지였던 보리밭과 밀밭이 점차 사라지고 너른 들녘을 사람들을 위한 건축물에 내주면서 하늘로 치솟으며 불러 대는 종다리의 세레나데를 듣기란 쉽지 않게 되었다.

동창이 밝았느냐 노고지리 우지진다
소 치는 아이는 상기 아니 일었느냐
재 너머 사래 긴 밭을 언제 갈려 하느뇨
남구만 | 조선 숙종

샛별 지자 종다리 떴다 호미 메고 사립 나니
긴 수풀 찬 이슬에 베잠방이 다 젓는다
아희야 시절이 좋을손 옷이 젓다 관계하랴
이 재 | 조선 영조

종다리는 선조들의 시조에 '부지런한 새'로 등장한다. 새들은 대부분 아침 일찍 먹이 사냥을 다니는데, 왜 유독 종다리만 부지런한 새로 칭찬받는 것일까. 그 이유는 고음과 저음을 오르내리며 부르는 노랫소리에서 찾아야 할 것 같다. 하늘 높이 올라 울어 대는 노랫소리는 수풀에서 지저귀는 그 어떤 새의 울음보다 멀리서도 들을 수 있었을 것이고, 더군다나 집 주위 들녘에 서식하기 때문에 가장 먼저 우는 새로 여겼을 터이다.

노고지리는 종다리의 옛 이름이다. 한시에는 종종 노고지리를 노고질老姑疾로 적어 놓고 시어머니가 아프다는 말로 풀이하기도 한다. 옛사람들은 "시어머니가 아파요."라며 하늘로 오르내리면서 우짖는 노고지리는 마음씨 착한 며느리의 넋이 환생한 것이라고 믿었다.

종다리의 한자 이름이 운작雲雀인 것도 이 녀석들이 구름 위까지 솟았다가 내려앉는

동작을 보고 붙인 이름이다. 그래서 노고지리를 하늘에 고하는 자 '고천자告天者', '규천자叫天者'라고 부른다.

 우리나라에서 볼 수 있는 종다리과의 새는 모두 4종으로 쇠종다리, 북방쇠종다리, 종다리, 뿔종다리로 나뉜다. 이들 중 머리 깃을 세우면 마치 뿔이 난 듯 보이는 뿔종다리는 가장 독특하고 아름다운 울음소리를 가지고 있다.
 뿔종다리를 사진으로 담겠다고 마음먹은 것은 그놈이 가지고 있는 독특한 생태와 외모의 특별함 때문이지만, 넓은 초지와 낮은 둔덕 그리고 각종 들꽃으로 장식된 이들의 서식지가 주는 평화로움은 내가 그들을 찾는 또 다른 이유이기도 했다.
 이들의 이야기를 사진으로 담기 시작한 지 몇 해가 흐른 지금 그림처럼 평화롭고 아름

답던 이들의 땅에는 사람들의 흔적이 하나 둘 늘어나고 있다.
　어느 해 봄, 첫 번째 둥지의 알들을 잃고 애써 마련한 두 번째 둥지마저 사람들에 의해 잃게 된 뿔종다리가 둥지를 덮어 버린 흙더미 위에서 부르던 애절한 노래는 아직도 내 가슴에 잊혀지지 않는 슬픈 조곡弔哭으로 남아 있다.
　3년 동안 이곳에서 몇 차례의 번식 실패를 안타깝게 지켜보던 나는 뿔종다리의 사진 작업을 포기하다시피 하였다. 그러나 지난봄, 성공적으로 새끼를 키워 낸 뿔종다리를 만날 수 있었고 그제야 뿔종다리에 대한 내 생각과 그림을 정리할 수 있었다.
　천수만 간척지의 들녘에서 그간 신비에 싸여 있던 뿔종다리의 번식생태를 처음으로 확인하면서 시작된 나와 뿔종다리의 인연은 해가 갈수록 깊은 연민의 정을 더하고 있다.

■
Goose

신의를 지키는 새
기러기

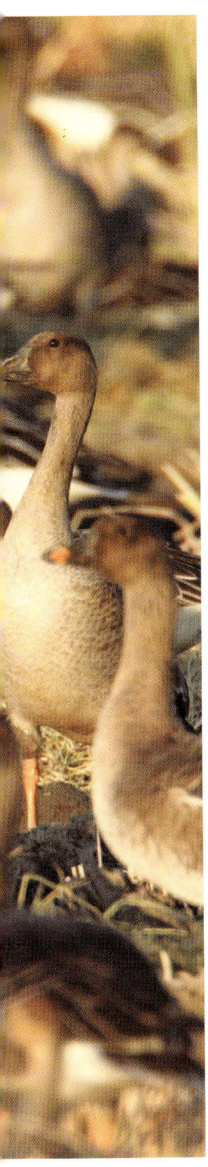

▲ 습한 이끼로 덮인 툰드라 지대의 호수, 갯벌, 강가의 하구에서 번식하고 겨울이면 월동을 위해 우리나라를 찾아오는 흑기러기(천연기념물 제325-2호)가 경북 포항시 남구 도구 해수욕장에서 멋진 자태를 뽐내며 날아오르고 있다. 2004.

Broad-billed Roller

희망의 새
파랑새

    먹구름이 잔뜩 하늘을 뒤덮고 추적추적 장맛비가 내리는 여름날, 치르치르와 미치르 남매가 좇아간 희망의 새, 행복의 새, 파랑새를 찾아 나선다.
    강원도 강릉으로 향하는 차 안에는 마음씨 곱고 깜찍한 '빛과 물의 요정' 대신 생태 사진을 시작하면서부터 지금까지 하나 둘 어렵사리 장만한 장비들이 가득하다. 굽은 길을 내달릴 때마다 촬영 장비들이 이리저리 쏠리면서 온갖 소음을 빚어낸다. 파랑새를 찾아 나선 탓일까. 내 귀에는 그런 소음들마저 치르치르와 미치르 남매가 길가에서 종알대는 소리로 들린다.

여름날 높은 나무 꼭대기에 푸른빛이 도는 새 한 쌍이 앉아 있다면, 그건 바로 신비로운 하늘의 사냥꾼 파랑새다. 날아다니는 곤충을 포착하면 파랑새는 창공으로 가볍게 날아올라 기류를 타고 소리 없이 활강한다. 인간이 만든 글라이더로는 도저히 흉내 내지 못할 멋진 비행이다. 그 활강은 곧바로 급강하 혹은 급상승하며 먹잇감을 정확히 낚아채는 사냥으로 이어진다. 하늘의 곡예사라는 애칭이 너무도 잘 어울리는 파랑새의 사냥 풍경이다.

4월이나 5월쯤 남중국, 말레이시아, 미얀마 등 동남아에서 날아오는 파랑새는 비둘기보다 작은 몸집을 아름다운 청록색 깃털로 감싸고 있어 쉽게 눈에 띄지만, 숲이 우거진 곳에서 살아가는 흔치 않은 여름손님이다.

새야 새야 파랑새야
녹두밭에 앉지 마라
녹두꽃이 떨어지면
청포장수 울고 간다.

동학혁명을 이끌다 비명에 간 녹두장군 전봉준(1855~1895)을 기리는 노래다. 노랫말에서 녹두밭은 전봉준이 이끄는 농민군을, 파랑새는 그들을 탄압하는 일본 군대를, 청포장수는 조선 민중을 가리킨다고 알려져 있다. 파랑새는 '팔왕八王새'로도 일컫는데, 이는 전全자를 파자한 것으로 전봉준을 의미한다고 한다.

그런데 정말 파랑새는 녹두꽃이 피는 시절에 녹두밭에 앉아 한 해 농사를 망치는 새일까. 조류학자들은 지금의 파랑새와 노래 속의 파랑새는 전혀 다른 새라고 말한다. 녹두밭에 앉거나 유행가 가사처럼 청포도 덩굴 아래 앉아 노래 부르는 새는 블루버드(Blue Bird)라 불리는 유리새라는 것이다.

『화랑세기』는 화랑 사다함이 지었다는 〈청조가靑鳥歌〉를 전한다. 사랑하는 연인 미실을 고향에 두고 전쟁에 나갔다 돌아온 사다함이 이미 궁중으로 들어가 군주의 여자가 돼버린 미실을 구름 위로 훨훨 날아간 파랑새에 비유해 부른 애절한 사랑의 노래다.

또한 가난한 나무꾼의 아이인 치르치르와 미치르 남매가 크리스마스 전야에 꾼 꿈을 이야기로 엮어 가는 벨기에 작가 메테를링크의 동화 『파랑새』가 있다. 인간의 진정한 행복은 늘 우리 주변 가까이에 있다는 것을 일깨우는 이야기로 이후 파랑새는 행복을 상징하는 새가 되었다.

 푸른빛이 주는 신비감 때문일까. 파랑새는 동서양을 불문하고 기쁨과 희망을 상징하는 새로 널리 아낌을 받고 있다. 특정한 종을 지칭하기보다 파란색으로 비쳐지는 새들을 통틀어 파랑새로 부르는 경우도 없지 않다.
 파랑새증후군이란 말이 있다. 가까운 데서 만족을 얻지 못하고 실현 가능성이 없는 비현실적인 계획이나 꿈에 매달리며 헛되게 방황하는 증상을 빗대는 말이다. 혹시 그 증후군에 사로잡혀 있는 것은 아닐까. 애타게 파랑새를 찾아 헤매다 문득 떠오른 의구심에 하릴없이 하늘을 올려다봤다. 그 먹구름이라니, 그 하염없는 빗줄기라니…….

Whooper Swan

호수의 발레리나
큰고니

   넓은 부리와 긴 목, 짧은 꼬리와 다리, 물갈퀴가 있는 오리과의 새들은 물에서 살아가도록 진화된 대표적인 물새인데 그 생활터전이 물이다 보니 육상생활에는 적당하지 않은 신체구조를 가지고 있다. 그래서 이놈들은 물에서는 여유 있는 기품으로 미끄러지듯 헤엄쳐 다니지만 땅 위로 올라서면 걸음걸이나 행동이 부자연스러워 뒤뚱거리게 되는데 이를 보고 있자면 절로 웃음이 나온다.
   하지만 오리과의 새들이 우스꽝스럽다는 생각을 단숨에 바꿔 놓는 새가 있으니 백조라고도 불리는 고니다. 겨울과 함께 우리나라를 찾는 이놈은 강이나 호수에서 볼 수 있는 오리과의 새들 중 가장 큰 덩치와 은백색의 우아한 외모를 가지고 있는 자태가 이름난 대

표적인 겨울철새 중의 하나다.

'왕자 지그프리트는 백조 사냥을 위해 호수로 나갔다가 마법에 걸린 백조의 여왕 오데트를 만나 사랑에 빠진다. 그러나 이들의 사랑을 시기한 마법사는 자기 딸 오딜로를 변장시켜 왕자를 유혹하고 지그프리트는 오딜로에게 사랑을 고백하고 만다. 유혹에 빠진 왕자를 말없이 지켜보던 오데트가 호수에 몸을 던지려 할 때 마법사의 계략에 빠졌음을 깨달은 왕자가 찾아와 둘은 영원한 사랑을 확인하게 된다. 그때 마법사가 나타나 호수의 물을 넘치게 하여 그들을 위험에 빠뜨리지만 이들의 진정한 사랑은 마침내 마법사를 물리치고 백조로 변한 오데트는 본래의 모습으로 돌아와 행복한 사랑을 이룬다.'

러시아의 음악가 차이코프스키의 발레곡 〈백조의 호수〉는 고니의 아름다움을 표현한 대표적인 작품이다. 호수에 내려앉은 고니의 우아한 몸짓이 발레로 형상화된 것이 너무나도 당연하게 느껴지는 것은 고니의 자태를 부정할 단 하나의 이유도 찾지 못함이 아닐까?

그리스 신화에서는 제우스가 스파르타의 왕비 레다의 아름다움에 빠져 그녀를 만나러 갈 때면 언제나 백조의 모습으로 지상으로 내려왔다고 한다. 신들의 제왕 제우스가 변한 백조의 자태가 아름다웠던 것일까? 결국 레다는 제우스의 연인이 되고 만다.

밤하늘을 올려다보면 은하수 한가운데 밝은 별들이 커다란 십자가 모양으로 놓여 있는 것같이 보이는데, 십자성이라고도 불리는 이 별자리가 백조자리다.

고니와 관련된 말 가운데 '정곡正鵠'이란 말이 있다. 정곡은 과녁의 한가운데 점을 지칭하는데 바르고 없어서는 안 될 목표나 핵심을 비유하는 말이다. 정正자는 사람이 땅에 발을 딛고 똑바로 서 있다는 데서 '바르다'의 뜻이 되었고, 곡鵠자는 고할 고告자에 새 조鳥를 합친 글자로, 철따라 찾아와 우는 새는 '고니'라는 뜻이다.

'원대한 뜻이나 포부'를 말하는 홍곡지지鴻鵠之志란 말도 있다. 홍鴻은 큰기러기, 곡鵠

은 고니로 모두 큰 새이다. 그래서 홍과 곡은 '크다'는 뜻의 형용사로 쓰인다. '홍박鴻博'은 '학식이 넓고 많다' 즉 박학다식하다는 말이고, '홍업鴻業'은 '위대한 사업'을 뜻한다. 곡鵠, 즉 고니는 크고, 목이 길고, 유난히 흰 새이기 때문에 이와 관계된 단어로 많이 쓰인다. '곡망鵠望' 또는 '곡기鵠企' 하면 고니처럼 목을 길게 빼고 발돋움하여 애타게 기다린다는 말이고, '곡발鵠髮'은 백발白髮을 말한다.

고구려의 개국신화에는 '해모수가 오룡거五龍車를 타고 하늘에서 땅으로 내려올 때 그를 따르는 백 명의 여인이 흰 고니를 타고 내려왔다.'는 기록이 있다. 옛사람들에겐 고니가 신선을 태우고 다니는 학과 견줄 만큼 신비롭고 상서로운 새로 여겨져 왔다. 고니의 한자 이름은 천아天鵝인데 이는 '하늘을 나는 거위'라는 뜻이다. 오늘날 가금이 된 거위는 연못에 사는 거위라 하여 지아池鵝라고 불렸다.

햇살이 잠든 호수를 깨우려는 듯 일렁이는 겨울 아침, 서산 간월호를 찾았다. 은빛 고니의 자태를 시기하려는 것일까. 아침 햇살은 호수의 모든 형상을 흑백으로 만들어 놓고 나의 눈길을 돌리려 한다. 하지만 흑백으로 변한 호수에서 유유히 물을 가르는 이들을 보고 있자니 반짝이는 햇살은 어느새 오보에의 애절한 선율로 바뀌어 내 귓가에 감미롭게 흐르고, 백조는 토슈즈를 신은 발레리나로 분장해 햇살 선율 가득한 물 위를 나는 듯 춤추기 시작한다. 이 새의 아름다움에 흠뻑 빠져든 나는 사진 찍는 것도 잊어버리고 만다. 바탕이 아름다우면 꾸미지 않아도 아름답다는 '鵠不浴而白(곡불욕이백)'이란 말이 실감나는 순간이다.

저 멀리 아스라한 작은 점들이 타원을 그리며 날아오른다. 타원은 길게 늘어나며 선을 만들고, 선은 다시 반대로 꺾여 원을 만들고, 원은 또다시 새로운 기하학적 무늬로 바뀌어 하늘을 수놓는다. 가창오리의 군무는 그야말로 예측을 불허하는 자연의 행위예술이다.

석양에 서쪽 하늘이 붉게 물든 천수만 간척지 간월호의 한 귀퉁이. 해가 지자 호수에서 쉬던 가창오리들이 물을 박차고 날아올라 화려한 에어쇼를 펼친다.

공연의 막바지 무대는 가창오리가 먹이를 찾아 날아드는 논. 그들보다 먼저 무대의 중앙에 자리 잡고 논 위의 하늘에서 펼치는 서클링을 감상한다. "쌩쌩쌩" "쉬이익" 가창오리의 날갯짓 소리가 어느 교향악단의 연주 못지않게 감동적으로 울려 퍼진다.

서서히 내린 어둠은 금세 한 치 앞도 분간하기 어려울 정도로 천수만을 삼켜 버리고, 시리도록 푸른 하늘에 별들이 총총히 빛을 밝히면 가창오리의 공연도 막을 내린다.

해마다 10월이면 나는 붉은 노을을 배경으로 펼쳐지는 가창오리들의 공연을 감상하기 위해 천수만 간월호를 찾고 있다. 수십만 개의 점들이 모이고 흩어지고를 반복하며 만들어지는 형상을 바라보고 있자면 그 아름다움과 기묘함에 절로 탄성이 흘러나온다. 이

야기로만 듣던 가창오리의 군무를 처음 보았던 그날, 나는 자연이 주는 감동에 흠뻑 젖어 새도 사람도 떠나 버린 호안湖岸에서 한동안 자리를 뜨지 못하고 가창오리들이 날아간 하늘을 넋을 놓고 바라보았다. 그후로 도비산島飛山 고갯마루 너머로 찬바람이 찾아들면 천수만 간월호의 둑에 올라 먼 길 떠난 임의 소식을 기다리다 망부석이 된 여인처럼 서럽게 물들어 가는 검푸른 북녘 하늘을 바라보며 이들을 기다리곤 한다.

　가창오리는 한낮에도 쉬지 않고 날아올라 군무를 펼치는데, 이는 가장자리에 있는 놈들이 불안감에 못 이겨 무리의 가운데로 날아들면 무리의 주변으로 밀려난 또 다른 놈들이 연속적으로 날아들기 때문이라 한다. 간월호 수면을 오르내리는 이놈들의 모습은 마치 거대한 생명체가 꿈틀거리는 듯하다.

　얼굴에 노란색과 녹색의 독특한 바람개비 문양이 있어 북한에서는 태극오리, 반달오리라고도 부르는 가창오리는 러시아 북동 지역인 아나딜, 콜리마와 오호츠크 해안, 캄차카 등지에서 새끼를 키워 낸 뒤 겨울이면 우리나라와 중국, 일본에서 월동을 하는 비교적

작은 오리이다. 1960년대까지는 동북아에서 가장 흔한 종이었지만 최근엔 절종 위기에 처해 2000년 국제자연보전연맹(IUCN)이 적색목록 취약종(VU)으로 지정하여 보호하고 있는 형편이다. 일본과 중국에서 적은 수가 월동하지만 우리나라엔 전 세계에 생존해 있는 가창오리의 90% 이상이 찾아오므로 특별한 겨울 손님이 아닐 수 없다.

가창오리들의 군무가 끝나면 나는 어둠이 깔린 해미천 다리 위에 작은 의자를 꺼내 앉아 해미천을 따라 날아 오르내리는 오리들의 "쌩, 쌩, 쌩" 날갯짓 소리를 들으며 따뜻한 커피 한 잔을 마신다. 가창오리들의 마지막 쉼터요, 겨울새들의 안식처인 천수만 간척지에서 내가 즐기는 가장 큰 호사스러움이다. 하지만 이곳 천수만 간척지도 골프장으로, 관광산업단지로 개발을 하기 위한 바람이 불고 있어 커피 한 잔의 호사스러움도 추억으로 간직될 것만 같아 아쉽고 서럽기만 하다.

◀ 우리나라를 찾는 겨울철새 중 가창오리만큼 황홀한 느낌을 주는 새는 없을 듯하다. 해질 녘 호수에서 날아올라 하늘을 뒤덮으며 군무를 펼치는 모습은 정말 장관이 아닐 수 없다. 2000.

Japanese Wagtail

산신령을 닮은
검은등
할미새

머리가 하얗다고 태어나자마자 '할미' 소릴 듣는 이놈은 잠시도 쉬지 않고 긴 꽁지로 들까불어 예로부터 방정맞은 새로 널리 알려져 있다. 할미새의 한자 이름은 척령鶺鴒, 옹거雝渠인데 '척령'이란 이름은 '오경五經' 가운데 하나인 『시경詩經』에서 나온 '척령재원 형제급난脊令在原 兄弟急難'이란 문구에서 왔다. '할미새가 연신 꼬리를 흔들고 울기를 그치지 않는 모양이 매우 급한 일에 서로 도우는 듯하다.'는 뜻으로, 이때부터 척령재원이란 말은 형제가 급하거나 어려운 일을 당할 때 서로 돕는 것을 비유하는 말로 쓰였다.

또한 우리 선조들은 할미새를 집안에 상서로움을 전해 주는 길조로 여겼고 할미새가 집에 둥지를 틀면 집안이 크게 일어나고, 좋은 일이 많이 생긴다고 믿었다.

　햇빛이 따뜻하다 못해 따갑게 느껴지는 5월의 남한강변, 하늘하늘 아지랑이가 피어오르는 자갈밭은 눈이 부시도록 하얗게 빛나고 있다. 저마다의 목소리로 아름답게 지저귀는 새들의 노랫소리가 푸른 강물처럼 굽이쳐 흐르는 이곳은 평화로운 봄의 정취로 그윽하다. 긴 겨울잠에서 깨어난 버들개지는 어느새 솜털을 벗고 싱그러운 연록의 어린잎을 수줍게 내놓고, 대지를 뚫고 올라온 새싹들이 양탄자처럼 펼쳐지고, 검은등할미새가 날아든 벌레를 잡기 위해 폴락거리는 이곳 강안江岸의 들엔 봄의 향연이 펼쳐지고 있다.

　이른 새벽, 미끈하고 날씬한 몸매에 긴 꼬리, 검은 얼굴에 산신령처럼 하얀 눈썹을 가지고 있는 할미새를 만나기 위해 남한강을 찾았다. 이놈들을 보기 위해 수차례나 이곳을 찾았었건만 이들은 내 주변을 맴돌며

놀리기만 할 뿐 좀처럼 그들의 자태를 사진으로 담을 수 있는 기회를 주지 않는다. 참으로 얄밉도록 영특한 놈들이다.

그간 알락할미새, 백할미새, 노랑할미새, 긴발톱할미새를 만났으면서도 이들을 사진에 담겠다고 생각하지 않았던 것은 할미새들의 아름다움을 발견치 못한 나의 어둔한 감성 때문이기도 하지만 이들 역시 나의 마음을 설레게 하는 특별함이 부족했던 것도 사실이다. 다만 기회가 되면 야생동물로는 흔치 않은 노란색을 가슴에 지닌 노랑할미새를 사진으로 담아 보겠다는 생각을 했다. 그리고 그런 나의 생각을 단번에 바꿔 놓은 새가 바로 검은등할미새다.

검은등할미새는 이 땅에서 오랫동안 살아왔음에도 불구하고 번식 생태가 아직 학계에 보고된 바 없는 신비로운 새이기도 하지만, 흰 눈썹이 있는 독특한 얼굴과 종다리를 능가하는 아름다운 노랫소리로 나의 마음을 한순간에 사로잡았다. 이들이 강가의 나무 위에 앉아 부르는 노래는 봄의 정취를 더하는 묘한 매력이 있다.

호들갑을 떨며 꼬리를 연신 흔들어 '할미새 꽁지 방정'이란 속담이 생겨나고, 벌레를 잡아먹어 농사일을 돕고, 아름다운 노래로 사람의 마음을 달래 주는 할미새의 친근함이 더욱 정겹게 느껴진다.

◀ 노랑할미새

졸졸졸졸 흐르는 계곡물 사이로 노랑할미새 한 마리가 먹이를 찾고 있다. 한쪽 다리를 약간 굽힌 채 몸을 앞으로 기울이고 언제라도 먹이를 낚아챌 준비를 하고 있다. 순간 물방울이 튀어 오르면서 할미새의 긴장감을 더해 준다. 2000.

Watercock

오빠를 부르는
뜸부기

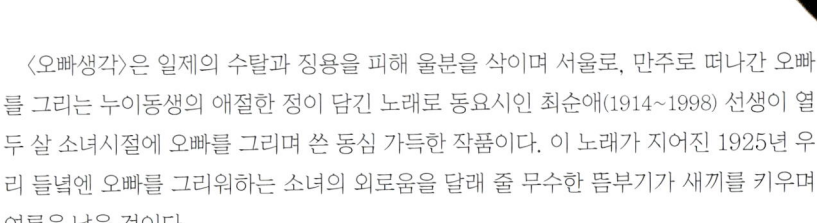

〈오빠생각〉은 일제의 수탈과 징용을 피해 울분을 삭이며 서울로, 만주로 떠나간 오빠를 그리는 누이동생의 애절한 정이 담긴 노래로 동요시인 최순애(1914~1998) 선생이 열두 살 소녀시절에 오빠를 그리며 쓴 동심 가득한 작품이다. 이 노래가 지어진 1925년 우리 들녘엔 오빠를 그리워하는 소녀의 외로움을 달래 줄 무수한 뜸부기가 새끼를 키우며 여름을 났을 것이다.

해마다 봄이 찾아오면 나는 흙먼지 날리는 천수만 간척지 비포장길을 내달리다 뜸부기의 굵고 힘찬 울음소리를 듣기 위해 종종 논둑에 올라 귀 기울여 보지만 이놈들을 발견하기란 쉽지 않다. 우리 논들이 우렁이, 수서곤충, 미꾸라지 등 다양한 생명을 키워 내던 습지에서 쌀만 생산해 내는 단순하고 척박한 땅으로 바뀌면서 화학비료와 각종 농약이 살포돼, 그곳에서 먹이를 잡아먹으며 새끼를 키워 내던 뜸부기들은 살아갈 터전을 잃고 자취를 감춰 가는 형편이다.

번식기가 되면 뜸부기 수컷은 머리에 닭 볏처럼 붉은 이마 판이 솟고 온몸은 검푸른색으로 바뀌는데, 멀리서 조심스레 걷는 모습을 보면 마치 검은 닭 한 마리가 먹이를 찾아 나선 듯하다. 한자로 수계水鷄 또는 앙계秧鷄라고 일컬었던 것을 보면 뜸부기과의 새들이 논이나 물을 떠나서 살지 못한다는 것을 옛사람들도 잘 알고 있었던 듯하다.
 번식지에 도착한 수컷들은 자신의 세력권을 만들어 경계하듯 그 주위를 돌며 연방 "뜸, 뜸, 뜸"거리며 암컷을 유혹하기에 바쁘고, 뒤늦게 도착한 암컷들은 보금자리를 틀기에 좋은 영역을 가진 수컷을 찾아 짝을 맺는다.

천수만 와룡천을 돌아 간월호로 향하는데 길가에 뜸부기 두 마리가 붉게 물든 석양을 배경으로 힘자랑을 벌이고 있다. 깃털을 한껏 부풀려 덩치를 키우고 목소리를 높여 우렁차게 울어 대는 위세로 보면, 큰 싸움이 일어날 듯한 순간이다. 그러나 불청객의 훼방 때문일까? 결투를 미룬 채 서로 눈치를 보며 옆걸음질로 자리를 피한다.
 뜸부기 수컷들이 치열한 몸싸움을 벌일 경우 대부분 힘세고 덩치가 큰 놈이 승리를 거두는데, 승자에겐 좋은 번식지와 암컷이 예약되는 셈이다. 자기 영역으로 암컷을 유인하기 위한 수컷들의 처절한 '러브 콜'과 '과시 행위'는 짝을 찾기 전까지 끊임없이 이어진다.

새들은 소리로 정보를 나누며 살아간다. 수컷은 번식을 위해 암컷을 유혹하는 사랑의 노래를 하거나 문제 해결을 위해 다른 상대와 신호를 주고받기도 한다. 신호 소리는 비교적 짧고 단순하나 번식기에 내는 노랫소리는 길고 복잡하다.
 독특하게도 노랫소리 같지 않게 '뜸, 뜸, 뜸, 뜸북, 뜸북, 뜸북' 하며 단음절 혹은 두 음절의 소리로 울어 댄다. 뜸부기는 노래하고 짝을 찾는 번식기만 끝나고 나면 은밀하게 풀숲 사이로 숨어 다니는 습성을 지니고 있다.

해질녘 들판에서 온 목소리를 다해 울어 대는 수컷의 세레나데는 암컷에게 자기 위치를 알려는 것이지만, 이 울음소리 때문에 사냥꾼들의 표적이 되기도 한다. 큰 몸짓에 비해 날개가 작은 뜸부기는 비행능력이 떨어져 사냥꾼들로부터 제 몸을 지키기 힘겹다.

지금으로부터 약 5,000만 년 전에 태어나 지구를 생명의 무대로 삼아 번성하던 뜸부기들을 위협하는 가장 무서운 천적은 바로 인간이다. 1600년 이래 전 세계에서 약 20종의 뜸부기가 멸종한 것으로 알려져 있다. 이 가운데 90%는 날개가 퇴화해 날 수 없는 새들이었다. 국내에서는 몸에 좋다는 속설 때문에, 동남아에서는 고기를 얻을 수 있는 사냥감으로 통하는 까닭에 개체수가 계속 줄고 있다.

종달새는 너무 높은 곳에서 울기에 잘 볼 수 없고, 뜸부기는 너무 낮은 곳에서 울기에 보기가 쉽지 않다고 한다. 하지만 종달새와 뜸부기는 빛과 어둠, 하루의 시작과 마침을 예고해 주는 새이기에 들녘 생활이 많았던 우리 민족에겐 각별히 친근한 새였다. 종달새의 맑고 고운 노래도, 뜸부기의 굵고 낮은 울림도 점차 사라져 가는 우리 들녘이 오빠 생각에 지친 소녀 마음을 달래 줄 새 하나 없는 삭막한 벌판으로 남게 될 것 같아 가슴이 아프다.

Varied Tit

산사山寺의 귀염둥이
곤줄박이

　우리나라에서 가장 많이 살고 있는 새로 참새를 지목하기 쉬운데 실은 참새보다도 더 흔한 새가 박새다. 인가 주변이나 산림 등지에서 작은 곤충이나 식물의 씨앗을 먹고 나무 구멍이나 돌 틈, 인공 새집이나 건물 틈에서 번식하는 이 작은 새는 우리나라와 일본을 비롯해 아시아 여러 지역에 분포하는 텃새로 산림이나 공원의 생태 조사 때마다 우점종의 앞 순위에 오르는, 가장 흔한 새로 확인되고 있다.

　박샛과의 새들 중에 곤줄박이라는 새가 있다. 뺨과 이마는 하얗고, 정수리와 멱엔 검은 줄무늬가 있으며 목 뒤, 가슴과 배로 이어지는 화려한 오렌지색은 수수한 시골 처녀 같은 여느 박새와 달리 곤줄박이를 이국적인 새로 느끼게까지 한다.

곤줄박이가 사람들의 관심을 끄는 데는 외모도 한몫하지만 이들이 인가 주변에 살면서 사람을 두려워하지 않는 습성을 가지고 있기 때문이다. 먹잇감이 귀해지는 겨울에 곤줄박이들은 애완견처럼 사람들을 따라다니며 먹잇감을 받아먹고, 새끼를 키우는 번식기엔 우체통, 전신주, 헛간, 부엌, 심지어 아주 조금 열어 놓은 창문 틈에 둥지를 틀어 사람들을 놀라게 한다.

'곤줄박이' 혹은 '곤줄매기'로 불려지는 이름은 순수한 우리말로, 이중 '곤'은 '검'과 같이 까맣다黑라는 '곰'에서 왔다. '박이'는 일정 장소에 박혀 있는 사람, 짐승, 물건을 나타낼 때 쓰는 접미사이니 '곤줄박이'는 검정색이 박혀 있는 새란 뜻이다. '곤줄매기'의 '매기'는 '멱이'에서 나온 말로 멱은 목 앞을 말한다. 곤줄매기는 목이 검은 새라는 의미다.

혹자는 전통혼례에서 새색시의 얼굴에 바르는 '곤지'처럼 붉고 예쁜 점이 박혀 있다 하여 '곤지박이'가 '곤줄박이'로 변한 것이라고도 한다. 곤줄박이의 한자 이름은 산작山雀인데 산에 사는 참새라는 뜻이다. 영어 이름은 알록달록한 박새(Varied Tit)라고 불린다.

귀염둥이 곤줄박이를 만나기 위해 끝없이 펼쳐진 천수만 간척지가 내려다보이는 도비산島飛山 중턱에 있는 부석사浮石寺를 찾았다. 어둠이 일찍 찾아오는 산사의 겨울밤은 모든 것이 익숙하지 못한 여행객에겐 더욱 길게 느껴진다. 한지가 발라져 있는 창문에 달빛이 드리워져 창이 스탠드 등처럼 은은하게 빛나는 이른 새벽, 잠들어 있는 생명을 조심스레 깨우기 위한 산사의 종소리가 점차 크게 느껴지는 것은 여명을 기다리는 나의 조바심 때문일까?

곤줄박이와 박새들이 이른 새벽부터 주변을 맴돌면서 저희들끼리 재잘거리며 식구들이 깨어나기를 기다리는 것도 절집에서 볼 수 있는 정겨운 풍경이다.

▼ 곤줄박이

　동이 트고 새벽 예불을 마친 스님이 도량을 나서자 기다렸다는 듯 스님 주위로 곤줄박이들이 모여들어 어린아이가 보채듯 "쓰쓰비비, 씨이- 씨이-" 울어 대며 먹이를 달란다. 스님이 이들의 칭얼거림을 달래듯 몇 알의 땅콩을 손 위에 올려놓자 주저없이 손끝으로 날아와 땅콩을 입에 물고는 포르르 나무 위로 올라 맛나게 먹어 치운다.
　내가 내민 손에도 날아든 곤줄박이들은 사진을 찍히는 것도 아랑곳하지 않고 아침에 찾아온 횡재를 즐기기에 정신이 없다.

　곤줄박이는 먹고 남은 먹이는 나뭇가지나 낙엽 밑에 숨겨 놓는다. 절집의 새벽 식사를 지켜보던 겁 많은 박새는 곤줄박이가 땅콩을 숨긴 장소를 주의 깊게 살펴보다 곤줄박이가 한눈을 파는 사이에 잽싸게 땅콩을 훔쳐 낸다. '뛰는 놈 위에 나는 놈'이란 속담을 연상케 하는 장면이다. 곤줄박이와 박새는 겨울 내내 함께 무리를 이루는데 겨울철 양식을 얻어먹는 박새는 곤줄박이를 동무로 둔 덕을 톡톡히 본다 하겠다.

　가끔씩은 곤줄박이가 산이나 들에서 사는 야생조류가 아니고 관상용 새가 아닐까 하는 생각이 들 정도다. 곤줄박이가 우리 손에 내려앉으며 보여 주는 '믿음'은 이들에게 주어지는 몇 알의 땅콩과는 비교되지 않을 만큼 소중하고 값진 선물이 아닐까?

▶ 쇠박새

▼ 박새

Woodpecker

숲속의 드러머

딱따구리

    내가 처음으로 '딱따구리' 라는 새에 대해 알게 된 것은 어린 시절 독특한 웃음소리를 선보이며 독수리나 여우, 혹은 사람들이 자기를 잡으려 할 때 오히려 꾀를 내어 사냥꾼을 혼내 주는 당찬 딱따구리의 모습이 담긴 TV 만화영화를 통해서였다. 1970년대 국내 안방 만화극장을 주름 잡았던 '딱다구리' 는 1940년 미국 만화가 월터 란츠가 탄생시킨 캐릭터로 미국의 붉은머리딱따구리를 모델로 삼고 있다. 그리고 이 만화영화가 1980년대와 1990년대에도 재방송되면서 어른부터 아이들까지 새의 실제 모습을 보거나 알지는 못해도 '딱따구리' 라는 이름만큼은 기억하게 되었다.

찬란한 무늬 옷과 짧고 붉은 치마를 입고 곧게 뻗은 부리를 치켜들고 의기양양하게 숲속 나무 사이를 휘젓고 다니는 오색딱따구리는 텔레비전 만화영화가 시작되기 훨씬 오래전부터 우리 민족에겐 '숲속의 멋쟁이'로 알려진 친근한 이웃이었다. 딱따구리의 한자 이름은 탁목조啄木鳥로 '나무를 두드리는 새' 라는 뜻이다.

선조들은 시를 통해 오색딱따구리를 붉은 잠뱅이를 입은 얼룩무늬의 비단 띠가 있는 아름다운 새라고 표현하기도 하고, 공작새나 비취새보다도 아름답고 봉황과도 겨룰 만한 고운 빛깔을 가진 새로도 이야기했다. 옛사람들은 해충을 잡아먹는 딱따구리같이 조정을 구하는 충신이 많이 나와 주길 기원하며 딱따구리에 관련된 시와 그림을 남기기도 하였다.

峽行雜絶협행잡절
山翁夜推戶산옹야추호
四望了一回사망료일회
生憎啄木鳥생증탁목조
錯認縣人來착인현인래

산골 마을에 사는 할아버지가 한밤중 사립문 두드리는 소리에 놀라 문밖을 내다본다. 이리저리 찾아보아도 사람 그림자는 찾을 길이 없는데 그때 앞쪽 나무 위에서 딱따구리 한 마리가 '딱딱딱딱' 나무를 쫀다. 이제야 문 두드린 이가 딱따구리인 것을 알아차린 할아버지가 허탈한 웃음을 짓는다.

조선시대 서화가로 유명한 강진이 지은 〈산골짝을 지나며峽行雜絶〉란 한시의 내용이다. 딱따구리의 나무 쪼는 소리를 문 두드리는 소리로 표현한 옛 선인들의 문학적 상상력이 감탄스러울 뿐이다.

산과 계곡이 초록의 봄옷으로 갈아입고, 얼어 있던 계곡이 녹아 개울로 흘러들고 대지에 새 생명이 고물고물 돋아나면 숲에서는 딱따구리가 마치 드럼을 연주하듯 나무를 두드리며 내는 "따라라락", "드르르륵" 하는 소리를 들을 수 있다. 이는 딱따구리가 소리를 내어 다른 개체들에게 자기의 영역을 주장하는 방법이기도 하며 짝을 찾는 소리이기도 하다. 이러한 번식 습성을 생태학자들은 '드러밍' 이라고 한다.

▶ 큰오색딱따구리

뒷동산의 딱따구리 참나무 구녕도 잘 뚫는데
우리집 저 멍텡이 이 어찌 이렇게 어두느냐
어랑어랑 에헤야 에헤야 디여러 내 사랑아.

앞 남산의 딱따구리는 생구멍도 뚫는데
우리집 저 멍텅구리는 뚫어진 구멍도 못 뚫네.

딱따구리가 번식을 위해 나무에 구멍을 뚫고 둥지를 짓는 봄, 개울가 빨래터에 동네 아낙들이 하나 둘 모여들고 빨래를 주무르다 어랑타령이나 아리랑을 흥얼대면 자지러지듯 웃음소리가 넘쳐난다. 충남 보령지방에서 전래되는 어랑타령과 강원도 정선에서 불리는 정선아리랑은 조혼으로 아직 사내구실을 못하는 어린 신랑과 함께 사는 아낙들의 서러움과 시집살이의 고초를 달래는 노랫가락으로, 딱따구리의 나무 쪼는 소리를 해학적으로 표현하고 있다.

딱따구리는 나무속을 파먹는 곤충을 잡아먹으므로 나무가 건강하게 자라도록 해 준다. 나무는 몇 년쯤 지나면 스스로 구멍을 메우고 살아가므로 딱따구리는 숲의 나무들에겐 생명을 구해 주는 고마운 의사선생님 노릇을 하는 셈이다.

▶ 오색딱따구리

청딱따구리

Brown-eared Bulbul

수다쟁이
직박구리

　온 동네가 떠나갈 듯 요란스럽게 울어 대는 습성을 가진 직박구리. 도시 주변의 야산이나 공원, 그리고 아파트 화단 등지에서 흔히 볼 수 있는 새다. 참새나 까치처럼 주변에서 쉽게 눈에 띄지만, 워낙 생김새가 수수해선지 눈길을 끌지 못해 이름을 정확히 아는 이가 드물다.

　직박구리는 대표적인 수다쟁이 새다. 끝없이 재잘거리는 촉새도 직박구리의 입담엔 견줄 상대가 못 된다. 숲속에 사는 새들은 직박구리가 나타나면 온갖 수단을 동원해 내쫓는데, 워낙 소란스러운지라 포식자를 불러들이는 위험을 자초할까봐서다.

■
Crane

선비의 고고한 자태를 지닌 새
두루미

우리 민족이 '학' 이라고 부르며 고고한 자태의 으뜸으로 이야기하던 새, 두루미는 그 단아한 생김새와 큰 덩치만으로도 처음 보는 이의 마음을 빼앗는 새 중의 새로 대접받기에 충분하다. 내가 어떤 사진적인 테크닉을 발휘하여 아름다움을 드러내겠다는 의식적인 노력 없이도 두루미가 가지고 있는 고고한 기품은 촬영하는 순간 한 폭의 아름다운 그림이 된다.

우리나라에서 두루미를 볼 수 있는 곳은 강원도 철원의 민통선 지역이다.
나는 해마다 겨울이면 두루미의 아름다움을 사진에 담기 위해 몇 차례씩 철원을 찾는다. 두루미들이 날아드는 곳에 위장막을 설치하고 기다리자면 동토의 땅, 철원의 맹추위가 온몸을 휘감는다. 철원은 한겨울 기온이 영하 20도를 오르내리는, 우리나라에서 가장 춥기로 이름난 곳이다. 이곳에서 두루미를 기다리려면 철저한 방한 대책을 세워야 한다. 그렇지 않으면 휘몰아치는 철원 평야의 칼날 같은 바람과 강추위를 견디지 못하고 촬영을 포기해야 하는 상황이 발생하고 만다.

얼마나 기다렸을까. 이윽고 학들이 우아하고 고고한 자태로 날아들고, 나는 구름 위에서 학들을 내려다보는 '신선'이 된다. 몸을 앞뒤로 흔들고 성큼성큼 거닐며 달콤한 밀어를 나누던 한 쌍이 양 날개를 뒤로 뻗고 머리 숙여 서로에게 절을 한다. 이어 목을 길게 뽑아 부리를 하늘을 향해 쳐들고 춤을 춘다.

날개를 부챗살처럼 활짝 펴고 빠르게 빙그르 돌다가 풀쩍 뛰어오르기도 하고, 사랑을 확인하고는 몸을 부르르 떨다가 부리를 서로 맞부딪뜨린다. 곳곳에서 두루미가 뽑아내는 사랑의 노랫소리가 철원의 겨울 들판에 울려 퍼진다. 학의 이러한 모습을 흉내 내어 궁중행사나 제례의식에서 학춤을 춘 우리 선조들의 예술적 감각이 감탄스럽다.

철원은 두루미만 있는 일본의 북해도나 흑두루미와 재두루미의 천국 이즈미보다 두루미 월동지로 세계적인 명성을 얻고 있다. 두루미와 재두루미를 동시에 볼 수 있고 때때로 시베리아 흰두루미나 흑두루미까지 깃드는 전 세계에서 유일한 장소이기 때문이다.

두루미와 재두루미 중 조심성이 더 많은 놈들은 재두루미인 것 같다. 두루미가 사람들이 뿌려 준 먹이를 먹기 위해 논으로 모여들면 그때서야 주변에서 상황을 살피던 재두루미들이 척후병 역할을 한 두루미의 눈치를 보며 조심스럽게 먹이터로 접근하는 것을 자주 봤기 때문이다. 하지만 두루미와 재두루미가 먹이다툼을 벌이면 승자는 덩치가 작은 재두루미일 경우가 많은데 이는 재두루미가 처한 주변 환경이 두루미보다 더 척박해서가 아닐까 하는 생각을 해 본다. 생존을 위한 먹이다툼에서 밀리지 않으려는 재두루미의 집요함이 나를 닮은 듯하여 반갑다.

사람과 야생동물이 어우러져 같이 살아갈 수 있음을 우리나라에서 최초로 보여 주고

있는 철원은, 양지리 주민들과 한국조류보호협회, 철원 군청, 보병6사단 장병들이 수시로 철새 모이 주기 행사를 가지면서 각종 야생동물과 겨울 철새들의 종과 수가 점차 늘고 있다.

철원은 넓은 개활지를 선호하는 두루미들과 기러기가 좋아할 만한 서식 조건을 가지고 있다. 더욱이 일반인들의 출입이 자유롭지 못해 인간의 간섭을 최소화할 수 있는 민통선 지역이라는 점과 사람들이 겨우내 월동을 돕는 먹이를 제공하고 있고, 겨울에도 얼지 않는 천연 지하수가 솟아오르는 샘이 있다는 것도 두루미들이 철원 평야를 찾는 가장 큰 이유일 것이다. 현무암 지반을 뚫고 나오는 15℃의 맑고 깨끗한 물을 사계절 내내 철원 평야에 제공하는 천연기념물 245호로 지정된 '샘통'은 이곳에서 살아가는 야생동물들의 생명수 역할을 하고 있다.

옛사람들은 학을 신선이 타고 다니는 새라 하여 선학仙鶴, 선금仙禽이라 부르기도 했고, 왕이 죽으면 흙으로 돌아가지 않고 신선이 되어 학의 등을 타고서 훨훨 날아 하늘나라로 돌아간다고 믿었다. 또 학은 고고한 기품 덕에 문관의 상징으로 여겨져 종4품 이상 당상관은 운학雲鶴을, 당하관은 백학白鶴을 그려 넣은 흉배를 관복에 달았다. 그리고 바로 이 흉배 때문에 문관을 학반鶴班이라 칭하기도 했다.

예로부터 우리네와 친숙한 학은 십장생의 하나로 장수를 상징하기도 한다. 지리산에 있는 청학동靑鶴洞은 푸른 학이 사는 곳이라는 전설이 전해지는 곳인데, 청학은 바로 천 살 된 학을 말한다. 우리나라 화폐 속에 유일하게 그려져 있는 새이기도 하다.

나는 새들이 내려앉는 모습을 좋아한다. 신문에 종종 힘차게 비상하는 장면이라고 말하는 사진은 사실 새들이 놀라 날아오르는 장면이다. 생태 사진은 동물들이 가장 자연스럽고 평화스러운 모습을 보여 줄 때 감동을 주는 것 같다.

월동지인 일본 이즈미로 향하던 흑두루미 3천여 마리가 구미시 해평의 낙동강 모래천에 내려앉아 지친 날개를 쉬고 있다. 해마다 이곳엔 수천 마리의 흑두루미가 내려앉아 장관을 이룬다.

◀ 재두루미

◀ 흑두루미

Black-billed Magpie

기쁜 소식을 전하는 나라 새
까치

　새는 인간이 가장 동경하는 짐승이다. 대지에 두 다리를 딛고 살아가야만 하는 인간에게 푸른 하늘을 거침없이 날아다니는 새는 한없는 자유와 승화의 상징이다. 그래서 사람들은 새를 보며 부러움을 넘어선 경외감을 느끼며, 날갯짓 하나하나에 꿈과 희망을 실어 보기도 한다.

　예로부터 우리 민족이 상서롭다고 믿은 새가 있으니 바로 까치다. 옛사람들은 까치를 희작喜鵲이라 하여 기쁜 소식을 알려 주는 전령이라 생각했다. 까치가 언덕바지 높은 나무에 둥지를 틀고 생활하는 것도 반가운 소식을 전하려고 동네 안이 훤히 내려다보이는 곳에 터전을 삼는 것이라고 믿었다.

우리 민족이 까치를 각별히 좋아하고 반기는 이유는 이렇듯 늘 가까이 머물며 길상吉祥을 전해 준다는 믿음 때문일 것이다. 또 까치는 집을 지을 때 삼살방三煞方, 즉 액이 들어오는 방향을 피하여 문을 낸다는 속신俗信이 있다. 〈설문說文〉에는 까치가 그해의 세살歲煞을 한다고 했고, 『박물지博物志』에도 까치집은 세살을 등져 문을 낸다는 기록이 있다. 또 까치집의 위치만 보아도 그해의 날씨를 점칠 수 있다고도 했다. 나무 꼭대기에 집을 지으면 날씨가 괜찮고, 나무 중동의 굵은 가지에 둥지를 얽으면 태풍이 든다는 식이다.

까치는 신라 초 탈해왕과 함께 처음 우리 신화에 등장한 뒤 갖가지 설화와 민담 속에서 때로는 '사랑의 새'로, 때로는 '보은의 새'로 수많은 사연을 아로새기며 우리 민족의 정서에 깊숙이 들어앉았다.

신라의 4대 왕이 된 탈해脫解는 '까치 작鵲' 자에서 '새 조鳥' 자를 뺀 석昔자로 성씨를 삼아 석탈해라는 이름을 써서 까치와의 상서로운 인연을 귀히 여겼다. 구렁이로부터 자신을 구해 준 나그네가 위기에 처하자 스스로 몸을 던져 종을 울림으로써 나그네를 구했다는 전설은, 상원사 종소리처럼 긴 여운을 지닌 보은담으로 전해진다. 해마다 칠월 칠석이면 견우와 직녀가 은하수를 건너 애틋한 사랑을 나눈다는 까치 다리에 이르러서는 설화와 현실마저도 하나의 세계로 묶어 놓는 민족의 상징으로 자리를 틀었다.

까치에 얽힌 익살스런 이야기도 빼놓을 수 없다. 겨우살이가 없어 쥐에게 곡식을 얻으러 간 비둘기와 꿩은 쥐를 얕잡아보고 거만을 떨다가 구걸은커녕 혼쭐이 나 쫓겨났지만, 예의를 갖춘 까치는 양식을 얻어 겨울을 무사히 나게 되었다. 그때 쥐에게 맞은 탓에 꿩은 뺨이 붉고, 비둘기는 앞머리가 푸르다고 한다.

1964년 10월 국제조류보호협회 한국지부가 2개월에 걸쳐 '나라 새'를 공모했는데 총 2만 2,780통의 엽서 중 9,373통이 까치를 선호, 런던에 있는 국제조류보호위원회에 한국의 나라 새로 보고된 적이 있다. 이때부터 까치는 비공식적으로 우리나라의 나라 새가 되었다.
    또 서울, 대전, 충북, 전북을 비롯한 76개 지자체가 까치를 상징 새로 선정한 것만 보아도 우리 민족이 얼마나 까치를 좋아하는지 알 수 있다.
    까치는 새끼 사랑이 지극하고 영리하며 어떤 어려운 환경에서도 살아남을 수 있는 강한 적응능력도 지녔다. 그래선지 다른 새들이 환경 변화에 못 견뎌 개체수가 급격히 감소하는 데 비해 까치는 날로 늘어나고 있다.
    생태연구가들은 까치의 급격한 개체수 증가에는 여러 이유가 있겠지만, 전설에서뿐 아니라 현실에서도 까치의 오랜 천적인 구렁이가 멸종되다시피 한 결과라고 이야기한다. 까치가 둥지를 튼 커다란 나무에 올라 새끼를 잡아먹을 수 있는 유일한 천적이었던 구렁이는 30년 전만 해도 민가의 대들보와 부뚜막에서 흔히 볼 수 있었다. 까치, 두꺼비와 더불어 우리 주변에서 늘 같이 살아온 친근한 동물이었다.

    우리 민족의 유난스러운 까치 사랑도 이같은 환경 변화에는 힘을 잃고 만다. 개체수가 늘다 보니, 전봇대에 집을 지어 합선의 원인을 제공하기도 하고, 애써 가꾼 과일을 망쳐 놓는 등 이젠 애물단지로 전락해 까치와의 전쟁을 선포하기에 이르렀다. '까치집 상량문'을 짓고 까치가 둥지를 튼 나무를 마당에 옮겨 심으며 수선을 떨던 선조들의 '까치 사랑'을 생각하면 격세지감을 떨칠 수 없다.
    국립묘지에서 나라를 위해 산화한 분들의 넋을 위로하듯 자유로이 날아다니는 까치의 모습을 보며 나라 새로 인정받기에 충분하지 않을까 하는 생각에 잠시 젖어 본다. 하지만 다시금 나라 새를 뽑자고 한다면 까치가 나라 새로 뽑힐지는 누구도 장담할 수 없는 일이다. 이미 까치를 상징 새로 삼고 있던 지자체도 다른 새로 바꾸고 있는 형편이기 때문이다. 환경의 변화는 새와 사람이 살아가는 방법만 변화시킨 게 아니라, 새에 대한 애정의 순위마저도 뒤바꿔 놓고 있다.

■
Black Vulture

대륙을 넘나드는 아름다운 비행가
독수리

    크고 부리부리한 눈과 날카롭게 굽은 부리, 갈고리 같은 발톱을 지닌 독수리는 날짐승 중에서 가장 덩치가 크지만, 외모와는 달리 지구상에서 가장 선한 맹금류이다.
    맹금류는 대개 하늘에서, 혹은 절벽이나 나무 위에서 예리한 눈으로 지상을 살피다가 작은 포유류나 오리 등 먹잇감을 발견하면 쏜살같이 내려와 낚아채는 사냥술을 갖고 있다. 하지만 독수리는 직접 사냥해서 먹이를 얻는 것이 아니라, 동물들의 사체를 먹어 치우는 생태계의 청소부로 알려져 있다.
    검붉은색 망토를 걸친 듯한 육중한 몸과 커다란 날개, 전사의 투구 같은 독특한 어깨 깃, 그리고 한번 움켜쥐면 절대로 놓치지 않을 듯한 날카로운 발톱은 가히 하늘의 왕자다운 풍모다. 그러나 독수리는 먹이다툼을 벌이며 덤벼드는 까마귀와 까치에게도 쫓겨 다니는 마음 약한 짐승이다.

폭설이 내려 세상이 온통 하얗게 변해 버린 어느 해 겨울, 독수리의 위풍당당한 모습을 사진으로 담겠다고 벼르고 벼른 끝에 파주시 적성면의 독수리 쉼터를 찾았다. 흰 눈 위에 앉아 있는 독수리의 갈색 깃이 눈에 반사되는 태양빛을 받아 핏빛으로 빛나고 겨울 바람에 날리는 목깃 뒤로 드러난 푸른빛의 피부가 언뜻언뜻 보였다. 그 모습은 마치 붉은색으로 얼굴을 치장하고 새의 깃털로 장식한 인디언을 연상케 한다. 대지에 내려앉아 비석처럼 서 있는 육중한 몸집이 나를 압도한다.

우리나라를 찾는 독수리들은 몽골에서 태어난 어린 것들이 많다. 중앙아시아의 혹독한 겨울 추위와 위계질서가 분명한 독수리 사회에서 먹이 경쟁력이 떨어지는 유조들은 고향을 떠나는 것이 살아남기 위한 유일한 대안이요, 선택일 수밖에 없다. 하지만 우리나라를 찾는 독수리들 역시 심각한 먹이 부족 현상을 겪고 있고 종종 아사餓死한 독수리들이 발견되기도 한다. 굶어 죽는 독수리가 늘어나자 한국조류보호협회와 환경단체, 지자체들이 먹이 주기 운동을 펼치는 등 보호에 적극 나서고 있다.

지난 2001년 철원과 파주, 양구 등 전국 주요 도래지에서 월동하는 개체수를 동시 조사한 결과 837마리로 확

인된 바 있고, 계속적인 먹이 주기로 해마다 우리나라를 찾는 독수리의 숫자는 점차 늘어 올해는 역대 최고인 3,000여 마리 이상의 독수리가 찾아와 월동한 것으로 보고 있다. 자연에서 살아가는 야생동물에게 먹이를 제공하는 것이 생태학적으로 적절한 것인지에 대해 종종 학자들 사이에 논란이 일기도 하지만, 이들이 평화롭고 자유롭게 살아가던 자연을 인간이 파괴하고 있는 만큼 그들을 부양해야 하는 것도 인간이어야 하지 않을까 하는 생각을 해 본다.

독수리를 사진으로 담아 그 아름다움을 드러내기란 참으로 쉽지 않은 일이다. 독수리는 먹이를 먹을 때 많은 개체들이 한자리에 모여들어 웬만한 뼈까지도 통째로 삼키며 게걸스럽게 먹는데 그 모습을 보고 있자면 '아비규환의 수라장'이란 표현이 딱 어울린다. 양지바른 자리에 모여 옴짝달싹도 하지 않고 해바라기를 하며 쉬고 있는 독수리에게서 하늘의 사자다운 모습을 찾기란 더욱이나 어렵다. 이런 까닭에 파주와 연천이며, 철원을 마다 않고 오랫동안 독수리를 찾아다녔지만 좀처럼 위용 있는 모습을 사진으로 담지 못했다.

그리스신화에서 제우스신은 곧잘 독수리로 변신하여 지상으로 내려간다. 여름 밤하늘을 아름답게 수놓는 독수리자리는 변신한 제우스의 모습이다. 중국에서는 견우직녀의 애틋한 사랑 이야기 속에 견우의 별자리로 등장한다. 대부분의 새는 아름다움, 명랑, 활발, 행복 등의 존재로 일컬어지는 경우가 많다. 더욱이 하늘을 날 수 있는 짐승이기에 옛사람들은 새에게 여러 가지의 소망을 담기도 하고, 이런 점 때문에 새는 신의 사자로 받아들여지는 경우가 많았다. 죽은 이의 모든 살점과 뼈를 독수리에게 내주는 티베트의 천장天葬 역시 독수리가 하늘과 지상을 연결해 주는 동물이라고 믿었기 때문이다. 독수리는 세계적으로 5,000여 마리밖에 남지 않은 것으로 파악되고 있고 우리나라는 1973년 천연기념물 제243호로 지정하여 보호하고 있다.

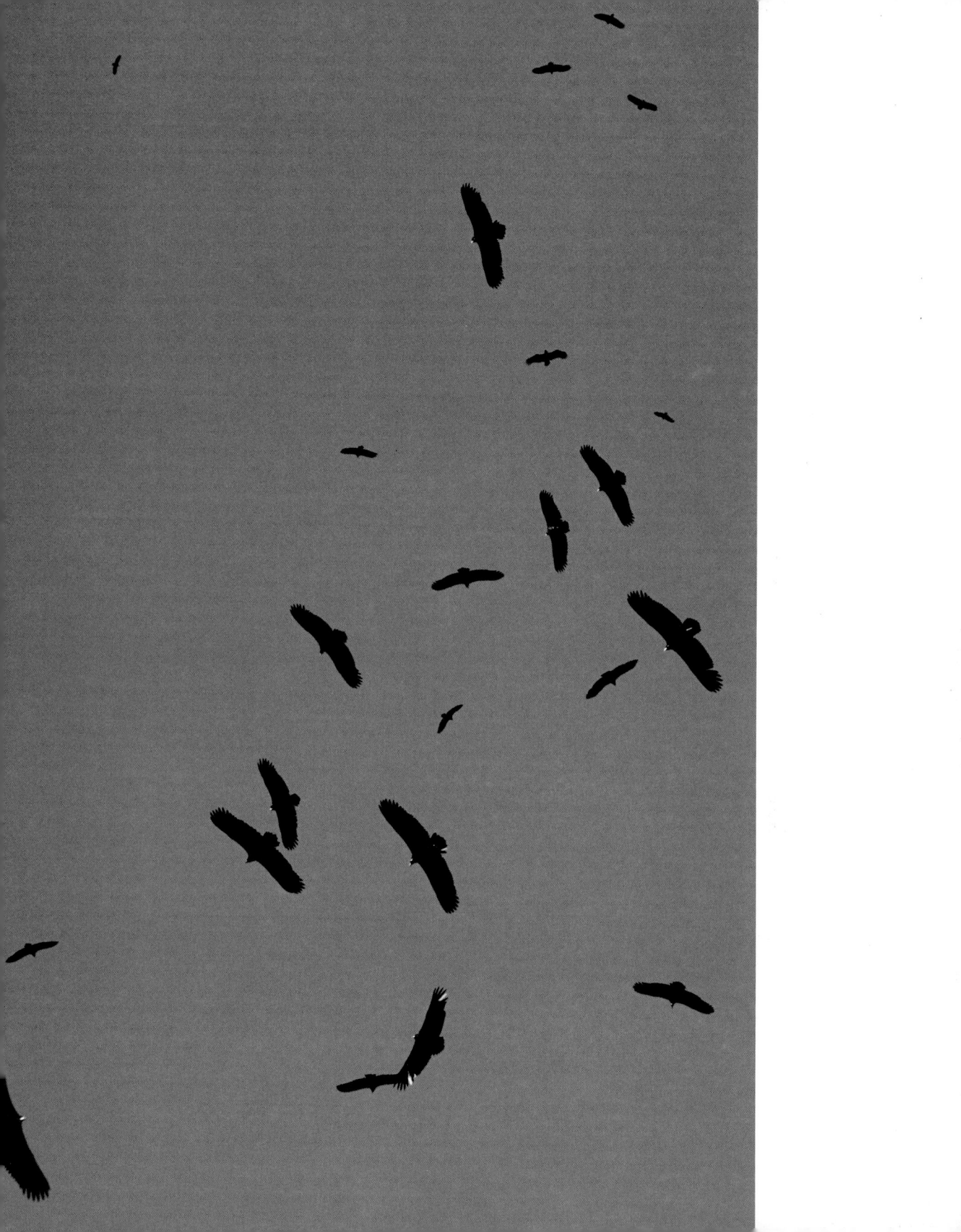

Eurasian Spoonbill

선한 사람들의 환영幻影

노랑부리 저어새

    자기 팔보다 긴 젓가락으로 음식을 먹어야 하는 사람들이 있었다. 자기 자신만 생각하는 사람은 어떻게 해서라도 자기 입에 음식을 넣으려고 발버둥 쳤다. 그러나 팔보다 긴 젓가락 끝에 달린 음식이 입으로 들어갈 리 없다.
    자기만을 생각하는 사람들이 그러고 있을 때 한 아이의 어머니는 긴 젓가락 끝에 달린 음식을 아이에게 먹이고 있었다. 이 모습을 본 선한 사람은 음식을 먹지 못하는 어머니가 딱해 보였는지 자기 젓가락 끝에 있는 음식을 아이 어머니에게 먹여 주었다. 선한 사람들은 서로에게 음식을 먹여 줬고, 곧 모두 허기진 배를 채울 수 있었다.

　남에 대한 배려와 협력의 미덕을 얘기할 때 흔히 인용되는 이야기다. 해마다 겨울이면 서산 간월호의 해미천으로 찾아와 겨울을 나는 노랑부리저어새를 보고 있자면 이같은 미담을 떠올리게 된다. 긴 부리로 자기의 날개깃을 다듬고 난 뒤 정성스레 서로의 목 깃털을 다듬어 주는 모습을 보면 흡사 긴 젓가락으로 서로에게 음식을 먹여 주는 선한 사람들의 모습 같다. 어쩌면 이들의 아름다운 모습에서 미담이 생겨났는지도 모를 일이다.

　긴 목과 다리, 주걱 모양의 부리를 가지고 있는 노랑부리저어새는 저어새와 더불어 우리나라를 찾는 저어새과 중의 하나이다. 생김새가 저어새(Black-faced Spoonbill)와 비

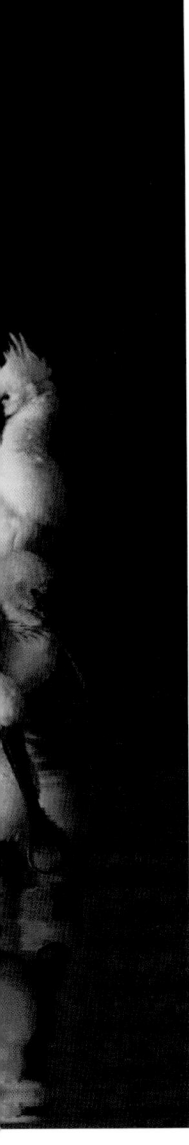

숫하나 여름에 우리의 서해안에서 새끼를 키워 내고 겨울이면 홍콩, 대만 등 월동지로 떠나는 저어새와 달리 중국과 러시아의 습지에서 번식을 마치고 겨울이면 우리 땅을 찾아오는 귀한 손님이다. 외모로 저어새와 노랑부리저어새를 구분하기란 쉽지 않은데 부리 끝 부분이 노란색을 띠고 얼굴에서 눈을 구분할 수 있는 것이 노랑부리저어새다. 저어새는 부리와 얼굴이 모두 검은색의 피부로 이어져 있어 눈을 찾기가 쉽지 않다.

저어새들은 주걱처럼 생긴 주둥이를 벌려 물속에 넣고 좌우로 휘저으면서 물고기나 새우, 수서곤충 등이 부리 속으로 들어오면 잽싸게 부리를 닫아 잡아먹는다. 그런데 이같은 사냥 방법은 백로나 왜가리 등 여타의 비슷한 물새들이 짧고 뾰족한 부리를 이용해 먹이를 잡는 것보다 그리 효율적이지 못하다. 또 습지 파괴와 환경오염으로 풍부했던 먹잇감이 감소하면서 저어새들은 먹이를 사냥하는 데 어려움을 겪고 있고 적절한 영양을 섭취하지 못해 멸종 위기에까지 몰리고 있다. 최근 저어새에 대한 연구가 활발히 시작되면서 저어새의 부리가 단단하지 않고 고무처럼 탄력성을 가지고 있다거나, 걸림이 많은 수초지역이나 암석지대에선 부리를 좌우로 휘젓지 않고 위아래로 '쿡쿡' 찍어 대며 사냥한다는 등 신비스런 생태에 관한 새로운 사실이 밝혀지기도 했다.

가을걷이로 북적대던 천수만 간척지가 바람소리만 간간이 들려올 뿐 모처럼 한적하다 못해 휑하다는 느낌을 주는 초겨울 어느 날의 이른 아침. 저어새들이 단잠에 빠져든 해미천 모래섬 한쪽에 자리를 빌린 나는 하염없이 노랑부리저어새들을 바라보고 있다.

단아한 모습을 지니고 있는 노랑부리저어새는 보면 볼수록 그 자태가 신비스럽기만 하다. 하지만 단아한 아름다움 뒤에는 정성스럽게 자기의 깃을 다듬고 손질하는 숨은 노력이 있음을 사람들은 잘 알지 못한다. 새들의 깃털 다듬기는 하늘을 날기 위한 준비과정으로 그들에겐 하루도 건너뛸 수 없는 일상이지만 유독 노랑부리저어새들은 마치 사랑에 빠진 여인처럼 시간만 나면 얼굴의 화장을 고치듯 매만지곤 한다.

천수만 간척지가 일반인들에게 분양되고 개발의 바람이 불고 있는 지금, 앞으로 이 새가 계속 이곳에서 겨울을 나게 될지는 아무도 장담할 수 없게 되었다. 겨울이면 우리나라를 찾는 노랑부리저어새의 미래가 그들의 의지와 상관없이 사람들의 손에 달려 있다는 것이 바로 우리가 환경을 지키고 보존해야 할 이유일 것이다. 이들이 앞으로도 매년 해미천을 찾아와 그 단아하고 아름다운 자태를 뽐내듯 내 앞에 서서 촬영할 기회를 주기를 기원해 본다.

Tree Sparrow

새 중의 새
참새

  '참' 이란 말이 있다. 거짓이 아님, 올바름, 진실이란 뜻의 '참' 은 물건이나 동식물 앞에 붙어 질이 좋음을 드러낸다. 우리 숲에서 가장 질이 좋은 나무는 '참나무' 라 불렸고 양질의 고소한 깨는 '참깨', 맛이 가장 좋은 게는 '참게' 로 우대됐다.
  그렇다면 새 중의 새는 무얼까. 이름 그대로 '참새' 다.

  선비의 기개를 닮았다는 두루미도, 흰 저고리와 검정 치마를 입은 자태가 선연한 민족의 상징 황새도 모두 이 볼품없는 작은 새 앞에선 날개를 접을 일이다. 이름을 지어 만물에 의미를 부여하던 우리네 조상이 어떤 연유로 이 새를 참새라 했는지 그 곡절은 알 수 없지만, 이름만으론 새 중의 새로 인정하지 않을 수 없다.

　사계절 내내 인가 주변을 터전 삼아 살아가는 참새. 옛사람들은 기와지붕 처마 밑에서 사는 새라 하여 와작瓦雀, 집을 찾는 손님새라 하여 빈작賓雀이라 불렀고, 늙어 무늬가 있는 것을 마작麻雀, 어려서 입이 노란 것을 황작黃雀이라 달리 불렀다.

　예나 지금이나 사람과 가장 가까운 곳에서 살아가는 이놈들은 살림집이 초가와 기와집에서 슬래브 집과 양옥을 거쳐 아파트로 변해 가는 모습을 지켜보며 한결같이 더부살이를 해 온 새다. 한때 업신業神으로 살아오던 집구렁이도, 장독대 파리를 먹이 삼던 두꺼비도, 처마 밑에 둥지를 틀던 제비도 다 떠나간 지금 여전히 건물의 비좁은 틈이나 지붕의 빈 곳을 어렵사리 찾아내 둥지를 틀고 힘겹게 새끼를 치는 참새. 그들은 황금 들녘을 유유히 날며 허수아비를 조롱하고, 해가 지면 초가집 처마 기슭의 따뜻한 보금자리를 찾던 옛날을 그리워하고 있지는 않을까?

　어린 시절 마당에 쌀을 뿌려 놓고 작대기로 대소쿠리를 받쳐 세워 참새가 날아들기를 기다렸지만 번번이 허탕을 쳤다. 이놈들이 워낙 영리하고 약삭빨라 여간해선 잡을 수 없다는 사실을 알게 된 것은 철이 들고 난 다음이다. 실패의 연속이었지만, 나뭇가지에 고무줄을 맨 새총으로, 또 손전등으로 참새를 잡으려던 어린 시절의 추억이 지금도 때로 생생하게 떠오르는 이유는 무엇일까.

　우리 민속 중에 섣달에 한 해를 무사히 보내게 해 준 데 대한 감사의 제사인 납향臘享, 납평제臘平祭란 것이 있다. 이때 참새를 구워 어린아이에게 먹이면 침을 흘리지 않고, 마마를 앓고 나서도 흉터가 생기지 않는다는 속신이 있다. "납일에 먹는 참새 한 마리가 황소 한 마리보다 낫다."는 속담은 이날 먹는 참새고기가 우리 몸에 아주 이롭기도 하거니와 그 맛 또한 참 좋다고 하여 나온 말이다.

　그런 시절을 거쳐 참새는 한동안 겨울철 별미로, 포장마차의 술안주로 인기가 높았다. 그런 참새가 귀해지면서 요즘에는 알을 깨고 나온 지 채 며칠도 되지 않은 병아리나 메추라기가 애꿎게 화덕에 오른다. 그렇지 않더라도, 환경오염 탓에 온몸이 중금속으로 찌든 꼬질꼬질한 참새를 구워 먹을 사람이 얼마나 될까?

참새의 개체수 역시 급격히 줄고 있다. 이들이 먹이로 삼던 벌레가 채마밭과 함께 사라지고 농민들이 조나 수수 같은 곡식을 심지 않는 탓도 있지만, 안정적으로 새끼를 치고 깃들여 살 번식 장소가 급격히 줄어든 것이 보다 근본적인 요인이다. 참새는 태어난 보금자리를 좀처럼 떠나지 않는 텃새인 만큼 환경 변화는 이들의 생존에 한결 심각한 문제가 아닐 수 없다.

지난해 봄 물범을 카메라에 담을 요량으로 백령도에 갔다가 나뭇가지 위에서 폴랑거리는 참새를 만났다. 본능적으로 셔터를 누르면서 자세히 살펴보니 바로 '꼬까참새' 였다. 텃새인 참새와 달리 봄가을에 우리나라를 경유하는 멧새과의 철새다. 예전에는 우리 들녘을 종횡무진 누비던 참새의 사촌뻘이었으나 이 또한 오늘날에는 보기 힘든 '희귀조' 로 변하고 있다.

흔하디흔했던 참새도, 꼬까참새도 인간의 손길에 멍들고 다치면서 우리 곁에서, 한반도의 자연 풍경에서 급속히 사라지고 있다. 오랜 시간 동안 동거의 인연을 맺어 온 참새들마저 언젠가 우리 기억 속에서 지워져 버리는 것은 아닐까?

■
Common Kestrel

도시의 사냥꾼
황조롱이

시난트로프(Synanthrope)라는 말이 있다. 그리스어로 Syn은 '~와 함께', Anthropos는 '인류' 라는 뜻으로, 즉 '언제나 인류와 함께' 라는 말이다. 이는 시궁쥐, 참새, 까마귀, 제비, 비둘기처럼 도시 속에서 오랜 세월을 거쳐 인간들과 함께 살고 있지만 생살여탈권을 사람에게 준 가축과 달리 인간의 문명에 적절히 순응하면서도 자신의 야성은 지켜낸 야생동물을 일컫는 생태학적 용어를 이른다.

시난트로프의 동물들은 적응성과 순응성이 뛰어나 사람들이 버린 음식 찌꺼기 등 무엇이든 먹을 수 있고, 인간이 만들어 놓은 인공물을 둥지로 이용할 줄 아는 현명함을 갖고 있다. 그래서 일부 학자들은 자연환경이 파괴되어 하는 수 없이 도시에 남았다기보다는 도시 환경이 여러 가지로 좋은 점이 많기 때문에 적극적으로 도심에 진출한 동물로 보는 것이 타당할 것이라고 이야기한다. 최근 '도시 조류'라든가 시난트로프 동물에 대한 연구가 조류학자와 생태 연구가 사이에 활발히 이뤄지면서 이들의 흥미로운 생태가 하나 둘 밝혀지고 있다.

해마다 봄이면 도심 속 아파트의 베란다, 빌딩의 옥상이나 간판 뒤, 교각 아래나 건물 틈에서 새끼를 키우는 황조롱이의 소식이 매스컴을 통해 종종 들려오곤 한다. 도시 속에서 살아가는 맹금류라는 점에서 더욱 사람들의 관심을 불러일으키는 황조롱이는 최근 시난트로프의 대열에 진출한 대표적인 새라 할 수 있다.

노란 눈 테 속에서 날카롭게 빛나는 커다란 눈망울이 인상적인 황조롱이는 정지비행을 펼치는 대표적인 맹금류다. 꽁지깃을 부채처럼 펴고 상공의 한곳에 떠서 연 모양으로

앞둔 황조롱이

황조롱이 둥지는
새끼들에겐 너무
이다. 둥지가 좁아
높은 둥지 안쪽의
로 밀려나고 자리
두 높은 둥지'입
상의 순간을 기다
구경을 하고 있

정비범상停飛帆翔을 하는 황조롱이가 하늘에서 지상의 먹이를 노리는 모습을 보고 있자면 정중동靜中動이란 말이 이 새에게서 나온 것이 아닐까 하는 생각이 든다.

지난 2002년 봄, 사람들로 북적이는 남대문시장이 내려다보이는 서울 도심의 빌딩 간판 뒤에서 번식에 들어간 황조롱이를 만났다. 천태만상으로 살아가는 사람들의 애환이 녹아든 삶의 현장인 이곳에 보금자리를 잡은 황조롱이가 어떻게 살아갈지 도저히 상상할 수 없었지만, 이놈들은 부화한 세 마리의 새끼를 모두 성공적으로 키워 내 시난트로프로 손색이 없음을 보여 주었다.

빌딩 외벽에 붙은 간판 뒤의 작은 공간은 황조롱이에겐 사람들의 눈길을 피해 새끼를 키워 낼 너무나도 훌륭하고 아늑한 장소였지만 이들의 모습을 사진으로 담으려는 내게는 최악의 촬영지였다. 나는 건물 옥상 난간 위에 무인카메라를 설치하고 내리쬐이는 초여름의 열기를 발산하는 건물 옥상의 한쪽 귀퉁이에서 복사열까지 온몸으로 받아 내며 이들이 새끼를 키우는 모습을 사진으로 담을 수 있었다.

▲ 흰 황조롱이

사람들이 살아가기에 편리하도록 만든 자연환경은 그곳을 삶의 터전으로 살아가던 수많은 생명을 빼앗거나 척박한 곳으로 내모는 첫 번째 이유다. 도시화가 심화되면 될수록 야생동물은 삶의 터전을 잃고 우리에게서 멀어져 간다. 이렇듯 척박한 도시에 홀연히 나타나 사람들에게 새를 만나는 기쁨을 준 황조롱이.

　그들이 새 생명을 키워 낸 도심 속 둥지는 인간과 새들이 공존할 수 있음을 보여 준 또 다른 세상인 듯하여 너무 반가웠지만, 거침없이 떠돌던 아름다운 자연을 잃고 옹색한 모양으로 도심 속에서 살아가는 모습을 보니 왠지 모를 아쉬움에 가슴이 아려 온다.

▲ 한 둥지에 일곱 마리의 새끼를 키우는 것도 드문 일인데, 그중 두 마리가 흰 황조롱이라는 사실은 더욱 나를 놀라게 했다. 부리와 발톱까지 모두 흰 황조롱이는 색소 부족으로 눈이 붉은색을 띠고 있는데, 이 때문에 밝은 곳을 잘 보지 못해 자연 상태에서 살아가기가 쉽지 않다고 한다. 약육강식의 야생세계에서 그들의 몸 색깔은 생존에 필요한 만큼 적절히 진화해 왔고 들쥐와 작은 새를 먹이로 하는 황조롱이에게 흰색은 치명적인 약점으로 다가올 것이다. 2004.

Mandarin Duck

기생오라비 같은
원앙

　송나라 강왕 때 소작권을 맡았던 말단 관리 한빙이란 사람이 아내 하씨를 맞이했는데 그 미색이 장안의 화제였다. 왕이 하씨를 보고 반해 빼앗고는 한빙을 벌주니 한빙은 아내를 그리워하다 스스로 목숨을 끊었다. 하씨도 남몰래 옷을 썩게 만든 뒤 누각에서 뛰어내려 남편 뒤를 따랐다. 사람들이 그녀를 붙잡았지만 이미 옷이 썩어 잡히지 않았다.

하씨는 왕에게 한빙과 합장해 줄 것을 청하는 유서를 남겼으나, 왕이 화가 나서 그 청을 들어주지 않고 무덤을 마주 보고 쓰게 하였다. 왕은 "너희 부부의 무덤이 스스로 합쳐지면 내가 방해하지 않으리라."고 말했다. 그런데, 며칠 새 무덤에서 나무가 자라나 열흘 만에 무성해지더니, 마치 서로 애태우며 그리던 한빙 부부의 해후인 양 뿌리가 얽히고 가지는 위에서 만났다. 또 이름 모를 새 한 쌍이 나무 위에 살면서 늘 구슬피 울었다. 그 소리가 한빙이 비탄에 잠겨 부르는 노랫소리로 들리니 사람들이 슬퍼하며 그 나무를 상사수相思樹라 불렀고, 그 새들은 한빙 부부가 환생한 것이라고 믿었다.

이 새가 바로 원앙이다. 대부분의 오리과 새들이 물에서 생활하는 것과 달리, 나무에 앉아 휴식을 취하고 나무 구멍에 둥지를 틀며 새끼를 부화하는 원앙의 특이한 습성 때문에 상사수의 전설이 생겨났을 것이다.

한빙 부부의 애절한 사랑의 전설이 깃든 원앙은 예로부터 금실 좋은 부부를 말할 때 지칭되었다. 호수에서 암수가 함께 날고 헤엄치며 같이 자고 먹으며 항시 붙어 다니는 모습을 지켜본 옛사람들은 원앙을 '절개를 지키는 새'로 여겼다. 원앙의 다른 이름이 '배필조'인 것도 이런 연유에서다. 사람들은 또 부부 중 어느 한쪽이 죽더라도 새로운 짝을 얻지 않는다고 믿어 부부 사이의 정조와 애정을 상징하기도 했다.

원앙 문양이 있는 침구를 사용하는 것은 아름다운 인연의 의미를 지닌다. 신혼부부가 쓸 침구에 원앙 한 쌍을 새겨 놓은 것도 원앙의 사랑을 본받아 종신토록 해로하라는 축복의 염원에서이다. 그래서 신혼부부의 이불과 베개를 각각 원앙금, 원앙침이라고 한다.

한편, 사철 볼 수 있는 우리나라 새와 철따라 찾아오는 '손님 새'를 포함해서 이들 중 가장 화려한 새를 뽑는다면 그 영광은 단연 원앙의 차지일 것이다.

눈과 부리를 더욱 빛나게 하는 흰색은 도도함을 더하고, 녹색 두건을 쓴 듯한 머리와 자색 스카프를 두른 듯 빛나는 가슴은 범상치 않은 기품을 보여 준다. 위로 치켜 올린 선명한 오렌지색의 부채꼴 날갯짓은 더 이상 비길 데 없는 아름다움의 극치를 이룬다. 이토록 멋진 수원앙의 자태에 넋을 빼앗기지 않을 암컷이 어디 있을까.

원앙은 애틋한 부부사랑을 상징하지만, 조류학자들에 따르면 실제로는 '바람둥이'라고 한다. 짝을 짓고 생활하면서도 틈만 나면 다른 암컷들과 짝짓기를 시도하며, 자기 짝

이 새끼를 치면 양육을 떠맡기고 다른 암컷을 홀리기 위해 떠난다는 것이다.

이른 아침 수원앙들이 물방울을 튀기며 한참이나 정성스럽게 몸단장을 하더니 암컷들에게 구애를 펼치려는 듯 나아간다. 물에 비친 자기 얼굴에 도취된 놈들의 모습이 마치 기생오라비 같다.

1994년 겨울, 원앙을 사진으로 담아 보겠다고 충남 논산의 한 저수지를 찾았다. 야트막한 산들이 병풍처럼 첩첩이 둘러싸여 있는 이 저수지엔 겨울이면 5백여 마리의 원앙이 월동을 위해 모여든다. 찾는 이 없는 한적한 산골 저수지에 알록달록한 원앙들이 개구쟁이처럼 호수를 뛰어다니듯 물장구를 치며 몸단장을 하는 모습은 여느 저수지에서 볼 수 없는 색다른 풍경이었다. 하지만 원앙은 그 멋진 자태를 자랑하듯 뽐내다가도 나를 발견하면 이내 저수지 가장자리의 울창한 숲속으로 재빠르게 숨어들어 나는 몇 날을 그들을 찾는 술래 노릇을 해야 했다.

이곳 저수지의 일부가 식수원 보호지역에서 해제되면서, 저수지에 낚시꾼들이 하나둘 늘어나자 이곳을 찾는 원앙의 수가 급격히 줄어들었다. 국내 최대 원앙 월동지로서의 명성은 그렇게 사라졌지만, 흩날리던 눈을 맞으며 바라본 이들의 아름다운 자태와 "꽥꽥 꽥꽥" 거리는 흰뺨검둥오리의 울음소리가 산울림으로 퍼져 나가던 이곳의 정취는 여전히 내 마음속에 남아 있다. 그리고 가물거리는 기억으로 어릴 적 살던 옛집을 찾는 노신사처럼 겨울이면 이곳을 찾아 옛 기억을 되살리곤 한다.

◀ **단아한 원앙 암컷**
수원앙의 화려함에 가려 원앙 암컷은 수수한 것으로 알려져 있지만 나는 오히려 암컷의 수수하고 단아한 자태가 더 아름답게 느껴진다. 잔잔한 물결이 원앙 암컷의 자태와 너무 잘 어울린다.

Black-winged Stilt

쭉쭉뻥뻥

장다리
물떼새

    길고 갸름한 다리를 자랑하고 싶은 것일까. 미니스커트 아래로 쭉 뻗은 다리에 빨간 스타킹을 신은 듯한 자태가 유난히 눈길을 끄는 장다리물떼새. 모르던 이들도 녀석들의 모습을 한번 보기만 하면 단번에 이름을 알아맞힐 것 같은 이름값을 하는 새다.
    그 멋진 모습을 카메라에 담으려 지난 몇 해 동안 녀석들이 찾아오는 봄이면 충남 서산 천수만 간척지를 찾아가 따가운 봄볕이 내리쬐는 논둑과 하천 바닥에 앉아 넋을 놓고 이 녀석들을 바라보고 있었다.
    작은 내를 성큼성큼 걸으며 먹이를 사냥하는 이놈들은 위장복을 입고 숨도 멈춘 채 촬영하는 이방인에게 자기 다리를 뽐내고 싶은 것인지 이따금 빨간 다리 한쪽을 들어 올리며 매혹적인 포즈를 취한다.

장다리물떼새는 온대와 열대 지역에서는 비교적 흔히 볼 수 있는 새다. 그러나 우리나라에는 극히 일부 개체만이 천수만 간척지와 영암호의 논에 찾아와 새끼를 기르는 귀한 손님이다. 대개 대만과 필리핀 등 동남아 지역에서 월동하고 중국과 러시아의 습지에서 번식하기 위해 한반도를 거쳐 이동하는 '통과 새'로 알려져 있던 이 새가 1998년 천수만 간척지의 논에서 번식하고 있는 사실이 최초로 확인되면서 사람들의 관심을 불러일으켰다.

그동안 현대가 경작해 온 천수만 간척지의 논은 일반 영농기계의 두세 배 크기의 대형 농기계를 사용하고 비행기로 볍씨를 뿌리는 등 최첨단 기계화 농법으로 농사를 지으면서 논에는 미꾸라지, 우렁이 등 각종 수서생물이 살 정도로 좋은 생태환경을 갖게 되었다. 그리고 일반인들의 영농지 출입이 제한되면서 새와 짐승들에겐 사람의 위협으로부터 벗어난 천연의 습지 역할을 해 왔다.

하지만 천수만 간척지가 일반인에게 분양되면서 온갖 수서생물들로 넘쳐나던 천수만 간척지의 논들이 생명력을 잃고, 간월호가 몇 년째 부영양화로 몸살을 앓고 있다.

장다리물떼새들이 언제까지 천수만 간척지에서 새끼를 키우며 살아갈 수 있을지 생태학자들도 장담하지 못하고 있다. 천수만에서 태어난 한국산 장다리물떼새들이 찾아올 고향이 사라질 위기에 놓여 있는 것이다. 불현듯 우리 곁에 찾아와 놀라움과 기쁨을 주었던 저 새들을 어쩌면 다시는 볼 수 없을 거란 생각에 카메라를 든 것이 내가 그들의 자태를 사진으로 담게 된 연유다.

또한 사람들의 식량을 생산해 내는 단순한 농토인 논이 친환경적으로 관리만 된다면 저토록 아름다운 새들이 탄생하는 생명의 땅으로 바뀔 수 있다는 사실을 많은 사람들에게 알려 주고 싶었기 때문이다.

안개비가 흩날리는 6월의 어느 날, 몇 날을 벼르고 벼르다 장다리물떼새가 둥지를 짓고 번식에 들어간 논을 찾았다. 제법 자란 벼에 빗방울이 맺혀 반짝이는 것이 후덥지근한 장마라기보다 초여름의 갈증을 씻어 주는 소낙비 같다.

장다리물떼새들은 일정한 장소에 약간의 거리를 두고 집단으로 번식하는데 이는 공

동으로 적의 침입을 경계하고 방어하기 위함으로, 장다리물떼새의 둥지 주변에 무심코 들어선 백로나 왜가리들이 떼거리로 공격하는 장다리물떼새들에게 혼쭐이 나는 모습을 종종 볼 수 있는 것도 이런 이유에서이다.

천수만의 논에서 장맛비를 맞으며 3일 동안 자고 먹고 하며 장다리물떼새의 부화 과정을 지켜본 나는 새로 태어난 새끼들이 너무나 반갑고 감사했다. 그동안 유일하게 천수만 간척지에서만 번식하는 것으로 알려진 이놈들이 해마다 그 자손을 조금씩 늘려 주길 기원했었는데 이제 그런 기대는 고사하고 이곳을 찾았던 장다리물떼새만이라도 천수만을 고향 삼아 계속해서 찾을 수 있도록 기원해야 할 처지에 놓여 있다.

올해 처음으로 전남 영암의 간척지 논에서 둥지를 틀고 포란하는 장다리물떼새의 모습이 발견돼 번식지가 추가되기도 했다. 새로운 번식지가 발견된 것은 참으로 다행스러운 일이 아닐 수 없다. 조류학자들은 천수만의 상황이 악화되면서 서산의 장다리물떼새 중 일부가 안정적인 다른 번식지를 찾아 나선 것으로 보고 있다.

천수만을 뒤덮을 듯 날아다니는 하루살이와 각다귀들의 군무는 아름답게 보였지만, 작업 기간 내내 엄청난 숫자가 자동차 속으로 날아들어 귀와 눈으로 파고들며 귀찮게 했고 밤잠도 설치게 했다. 이번 작업 내내 나는 거의 논둑에 엎드리거나 논바닥에 앉아서 사진 작업을 했다. 장다리물떼새의 긴 다리를 제대로 표현하기 위해서이기도 했지만 그들의 눈높이에서 바라본 주변 환경을 사실적으로 보여 주기 위해서 더욱 그러했다. 그리고 장다리물떼새가 갖는 불안감을 해소하기 위해 긴 시간을 투자해 작업해야 하는 세팅 카메라와 각종 장비들을 거금(?)을 들여 제작하기도 하였는데 장다리물떼새 대부분의 사진이 이 장비를 통해 만들어졌다.

하지만 아직도 그들이 갖고 있는 아름다움의 절반도 표현하지 못하고 있는 것 같아 아쉬운 마음이 든다.

▼ 비를 맞으며 알을 품고 있는 장다리물떼새

둥지에서 알을 품고 있는 장다리물떼새의 머리와 어깨, 그리고 날개 위에도 방울방울 빗물이 맺혀 있다. 논에서 둥지를 틀고 있는 장다리물떼새는 비가 내리면 둥지가 잠기지 않을까 항상 긴장을 늦추지 않는다. 장마 때 새끼들을 부화시키는 장다리물떼새들의 번식습성이 나는 항상 의아스럽기만 한다. 2003.

■
Cormorant

마법의 눈을 가진
가마우지

    강가에 한 어부가 살았다. 어부는 이른 새벽 목끈을 매단 가마우지를 뱃머리에 태우고 강으로 나간다. 가마우지가 능숙한 솜씨로 물고기 몇 마리를 낚아채면 목끈을 풀어 주어 마음껏 물고기를 잡아먹게 한다. 강물에 노을이 곱게 물들면 어부는 흥에 겨워 노래를 부르며 노를 저어 집으로 돌아온다.
    세월이 흘러 늙은 가마우지가 더 이상 물고기를 사냥하지 못하게 된다. 그러자 어부는 자신이 잡은 물고기를 목에 넣어 줘 삼키게 한다. 가마우지가 죽을 날이 가까워 오

자 어부는 함께 물고기를 잡으며 살아온 강 언덕에 오른다. 강물이 잘 내려다보이는 언덕바지에 돗자리를 펴고 소반에 잘 익은 술 한 병을 올려놓고는 가마우지와 마주 앉는다.

이윽고 어부는 정성스레 술을 따라 가마우지의 주둥이에 부어 준다. 늙고 힘없는 가마우지는 그 술 맛에 깊이 취하여 긴 목을 땅에 누이고 잠자듯 주인 곁을 떠나간다. 평생 동고동락해 온 가마우지의 몸을 쓰다듬으며 하염없이 눈물을 쏟는 어부의 흐느낌이 강물을 타고 여울치며 흐른다. 어느덧 은빛으로 변해 버린 어부의 머리 위로 붉은 노을이 엊힌다.

잘 길들인 가마우지 한 마리가 황소 서너 마리보다 더 귀한 집안의 재산이요, 재물로 인정받아 온 중국의 구이린桂林과 일본 이누야마犬山에선 아직도 가마우지 낚시가 유명하다. 가마우지 낚시란 먹이를 삼키지 못하도록 목 아랫부분을 끈으로 묶은 가마우지를 풀어 물고기를 사냥하게 한 다음 가로채는 낚시법을 말한다.

위의 이야기는 오랜 세월 동안 사람들과 한 가족처럼 살아오며 물고기 사냥으로 가족의 생계를 책임졌던 가마우지의 소중함이 담겨 있는, 중국의 계림지방에서 전해 오는 애틋한 이야기의 한 토막이다.

가마우지라는 이름은 순수한 우리말로, 가마는 '검다, 까맣다'에서 왔고 '우지'는 오리의 고어古語인 '올히'에서 오디-오지-우지로 변해서 생긴 이름이니 가마우지는 '검은 오리'라는 뜻이다.

가마우지들은 물속을 자맥질하며 잽싸게 물고기 사냥을 하는데, 그 비결은 다른 물새들과 달리 물에 잘 젖도록 된 특수한 깃에 있다. 깃이 물에 젖으면 깃 속에 갇혀 있던 공기가 빠져나가 부력이 떨어지면서 물질이 수월해진다.

다른 새들이 피부 밑 기름샘을 부리로 온몸에 발라 깃이 젖지 않도록 몸단장하기에 애쓰는데, 가마우지는 물에 잘 젖는 깃 덕분에 깊은 물속까지 내려가 물고기를 잡으니 자연의 조화는 참으로 신비스럽기만 하다. 이 때문에 가마우지에겐 장시간의 일광욕이 필수적이다.

인천 연안부두에서 쾌속선을 타고 뱃길로 네 시간을 달리면 소청도와 대청도를 지나

▼ 쇠가마우지

서해 5도의 맏형 백령도에 다다른다. 고을 수령의 딸과 가난한 선비의 애틋한 사랑의 밀어를 전하던 학이 흰 날개를 펴고 날아드는 모습 같아 백령도白翎島라 하였다는 이 섬의 전설 때문일까 용기포 선착장에 도착한 사람들의 얼굴엔 사랑하는 이를 찾아 먼 길을 단숨에 달려온 연인처럼 설렘 가득한 표정이다.

전설 속의 연인이 사랑의 도피처로 삼은 이곳은 옛날이나 지금이나 쉽게 출입할 수 없는 곳으로 유명하다. 짙은 해무와 높은 파도는 21세기 과학이 만들어 낸 첨단 기계로도 넘지 못하는 자연의 힘이요 장벽으로, 이곳은 찾는 사람들의 의지와는 상관없이 바다의 허락 없이는 쉽게 들어올 수도 나갈 수도 없는 피안彼岸의 땅이다.

해마다 우리나라 최북단의 섬 백령도를 찾는 것은 쇠가마우지가 찾아와 새끼를 키우는 국내 유일의 지역이기 때문이다.

자칫 발을 잘못 디디면 천길 낭떠러지로 떨어질지 모를 백령도 해안 절벽 꼭대기에 간신히 몸을 의지할 곳을 찾은 나는 후들거리는 다리를 겨우 수습하고 수줍은 새색시같이 홍조 가득한 뺨과 에메랄드처럼 반짝이는 신비한 눈을 가진 쇠가마우지를 넋을 놓고 바라본다.

쇠가마우지의 마법에 걸린 것일까. 이들이 절벽으로 날아드는 모습을 한참이나 바라보고 있자니 나 또한 양팔을 펼치고 절벽으로 뛰어내리면 푸른 바다 위를 멋지게 날 수 있을 것만 같은 몽환夢幻에 빠져 든다.

우리나라에서 볼 수 있는 가마우지는 모두 세 종으로 가마우지, 민물가마우지, 쇠가마우지가 있다. 가마우지는 강화도 주변의 무인도에서, 민물가마우지는 한강 하구에서 주로 볼 수 있다. 철원에서 첫 인연을 맺은 민물가마우지는 우리나라에서 번식하지 않는 것으로 알려져 있었으나 지난해 봄 한강 하구의 무인도 유도에서 50여 쌍이 새끼를 키우고

있는 모습을 처음으로 확인함으로써 나와 또 다른 인연을 맺은 의미 있는 새이기도 하다.

나는 새들의 눈 보기를 좋아한다. 새들의 눈빛 속에는 이 세상을 살아가는 그들만의 신비한 이야기가 담겨 있는 듯하기 때문이다. 지금까지 많은 새들의 눈빛을 보았지만 쇠가마우지의 눈은 그 어느 새보다 신비스럽고 아름답다.

해안을 거닐다가 에메랄드 같은 눈빛을 가진 새를 만난다면 여러분은 그 새와 결코 눈을 맞추지 않기를 바란다. 자칫하면 나처럼 가마우지의 마법에 걸려 평생 그들을 찾아다녀야 할지 모르기 때문이다.

◀ 에메랄드 눈빛 쇠가마우지

▶ 민물가마우지

◀ 가마우지

Vinous-throated Parrotbill

뱁새라고 불리는
붉은머리
오목눈이

익숙한 속담 중에 "뱁새가 황새걸음을 걸으면 가랑이가 찢어진다."는 말이 있다. 자신의 힘이나 능력으로는 버거운 일을 억지로 하려는 것을 경계하는 말로, 남이 한다고 따라하다가는 도리어 큰 화를 당하게 된다는 경구다.

우리 생활 속에 자주 등장하는 속담이지만 그 주인공 '뱁새'를 알아보는 이는 그리 많은 것 같지 않다. 워낙 몸집이 작고 참새나 비둘기처럼 허공을 가르며 나는 법이 드물어 사람들의 눈에 쉽게 띄지 않는 특성 탓일까. 뱁새는 농가 주변의 산과 들, 공원 등지의 관목과 덤불을 삶의 터전으로 삼는 작은 새다.

뱁새의 본래 이름은 '붉은머리오목눈이'다. 머리가 진한 적갈색 깃털로 덮인데다 작고 동그란 검은 눈이 오목하게 들어가 보인다 하여 이름 붙여졌다.

이 새는 '교부조巧婦鳥', '도충桃蟲'이라고도 불린다. 교부조는 엉덩이를 실룩거리며 교태를 떠는, 작고 예쁘고 귀여운 아낙같이 생긴 새라 하여 붙은 이름이고, 도충은 복숭아나무에서 벌레를 잡아먹는 모습에서 온 것이 아닌가 여겨진다.

흔히 눈이 작고 움푹 들어가서 음험한 인상을 주는 눈을 '뱁새눈'이라고 한다. 실제로 뱁새는 얼굴에 비해 눈이 작고 동그랗다. 하지만 이 작은 새의 반짝거리는 눈은 음험하기보다는 어린아이의 눈처럼 호기심으로 가득 차 있는 듯 보인다. '뱁새눈'이란 말에서 풍기는 좋지 않은 뉘앙스는 아무래도 실제의 모습보다는 속담의 이미지에서 비롯된 것으로 생각된다.

"뱁새는 작아도 알만 잘 낳는다."라는 말도 있다. 생김새가 작고 볼품이 없다고 하여 제구실을 못하는 법은 없다는 뜻이다. 뱁새의 번식 생태 중 특이한 점은 암컷의 유전자에 따라 흰색 혹은 푸른색 알을 낳는다는 것이다. 껍데기 색깔이 다른 알을 낳는 새는 세계적으로도 2~3종밖에 없으며 국내에선 붉은머리오목눈이가 유일하다. 종종 둥지에서 발견되는 푸른색과 흰색 알의 비율은 6 대 4 정도. 왜 이같이 다른 빛깔의 알을 낳는지는 아직도 미지수로 남아 있다.

붉은머리오목눈이는 뻐꾸기 새끼를 키우는 대리모로도 잘 알려져 있다. 자기 둥지에 뻐꾸기가 낳아 놓은 알을 정성껏 품어 부화시키고, 새끼 뻐꾸기가 자기 새끼들을 밀어내고 둥지를 독차지해도 부부가 지극 정성으로 돌본다.

자기 덩치보다 서너 배 이상 커 버린 새끼 뻐꾸기의 입에 연신 먹이를 물어다 먹이는 모습은 측은해 보이기까지 한다. 붉은머리오목눈이는 봄부터 두 차례 새끼를 키우느라 체력을 소진해 여름철로 접어들면 비단같이 윤기 흐르던 깃털은 다 해지고 부리도 닳아 초췌한 모습으로 변한다. 봄철의 귀엽고 깜찍한 모습과는 사뭇 대조적이다. 그럼에도 우

리 부모의 자식 사랑이 그러하듯 헌신적인 부모 새의 사랑은 변함이 없다.

 워낙 흔히 볼 수 있는 새여서 언제든지 사진에 담을 수 있다는 생각에 촬영을 미뤄 온 터라 변변한 사진 한 장이 없었다. 그러다 지난해부터 서산, 안산, 미사리 등지에서 붉은머리오목눈이 둥지 20여 개를 찾아 본격적으로 촬영에 들어갔다.
 막상 사진 작업을 시작하고 보면 그 특유의 생태를 한눈에 담아내는 사진 한 장을 얻는 일이 생각처럼 쉬운 적이 단 한 번도 없었다. 붉은머리오목눈이도 마찬가지였다. 사람과 더불어 살아온 터라 낯선 이의 접근에 민감하지 않아 촬영이 쉬울 것이란 낙관적 전망은 이 녀석들이 서식하는 덤불 속으로 들어가자마자 여지없이 깨지고 말았다.
 작은 관목이나 덤불 속은 몸을 돌릴 수도 없는 비좁은 공간인데다 빛조차 잘 들지 않는다. 더욱이 위장막 안은 사우나와 다를 바 없이 후텁지근해 새를 관찰하고 촬영하기보다 폭포처럼 흐르는 땀을 닦아 내느라 바쁘게 마련이다. 뱁새의 자연스러운 모습을 사진으로 담기에는 참으로 부적절한 환경인 셈이다.

 『장자』에는 넘치는 부귀 권세가 다 부질없음을 뱁새 둥지에 빗댄 고사가 나온다. 중국 전설 속의 순 임금이 은자 허유許由에게 왕위를 맡아 달라고 간절히 부탁하자 허유는 "뱁새가 둥지를 짓는 데는 나뭇가지 하나면 족하고 두더지가 강물을 마신다 해도 작은 배를 채우면 됩니다." 하면서 천하를 물려받기를 거부했다고 한다. 어쩌면, 작지만 열심히 자기 할 일을 하며 살아가는 뱁새한테서 세상 사는 이치를 배워야 하는 것은 아닌지…….

253

Egret

청렴한 선비를 상징하는
백로

우리 민족은 예로부터 흰옷을 즐겨 입어 '백의민족'이라 일컬어져 왔다. 일부 학자들은 흰색은 태양을 의미하며 우리 민족이 흰색을 즐겨 입었던 것도 하늘에 제를 올리고 태양을 숭상하는 원시적 신앙에서 온 것이라고 설명하고 있다. 흰옷은 생명의 근원인 태양과 교감할 수 있고 이는 전지전능, 불사불멸의 능력을 향유하고픈 사람들의 염원과 소망이 담겨 있다는 것이다. 이렇듯 우리 민족의 흰색에 대한 경외감 때문에 흰색의 동물들까지 귀한 대접을 받게 되었는데 "흰 꿩이나 흰 사슴이 나타나면 나라에 상서로운 일이 생긴다."라는 속신이 그 대표적인 예이다.

또한 우리 선조들은 시조에서 까마귀와 비교한 작품을 많이 남겼는데, '까마귀 검다 하고 백로白鷺야 웃지 마라(이직)', '까마귀 노는 곳 백로야 가지 마라(선우당 이씨)', '까마귀 싸우는 골에 백로야 가지 마라(이약녀)' 등의 시조가 그것이다. 이는 모두 흰색 백로의 깨끗함, 인간의 고고함을 이야기하고 있다.

한편 백로의 희고 깨끗함은 청렴한 선비를 상징하여 화조화花鳥畵의 소재로도 많이 등장하고 있는데 백로 한 마리와 연밥이 그려진 〈일로연과도一鷺蓮果圖〉는 이를 일로연과一路連科로 읽어 단번에 연달아 초시와 복시의 과거시험에 급제하라는 축원의 의미를 담고 있다고 한다.

이처럼 우리 주변에서 흔히 볼 수 있는 백로는 마을 주변의 논과 앞산 솔밭, 그리고 동네 개울에서 주로 생활하며 몸 전체가 흰색이라는 것만으로 우리 민족의 사랑을 넘치도록 받아 온 행복한 새였다.

백로의 우리말 이름은 해오라기다. 옛 문헌에는 백로를 하야로비, 해오리, 해오라비, 해오리 등으로 말하는데 해는 희다白는 뜻이니, 해오리는 흰 오리라는 말이다. 그런데 어찌 된 일인지 오늘날 조류도감에 보이는 해오라기들은 흰 빛이 없다. 해오라기란 명칭이 이제는 다른 아종을 설명하는 이름이 되어 혼란을 주고 있는데 아마도 이는 우리나라 조류학의 체계가 세워지기 전, 전래되는 새의 이름이 명명되면서 뒤바뀐 것이 아닐까 생각해 본다.

백로는 다 똑같아 보이지만 덩치나 외모에 따라 쇠백로, 중백로, 다백로, 황로, 흑로 등으로 구분하고 생태적인 특징이 조금은 다르지만 멸종 위기의 노랑부리백로는 천연기념물 361호로 지정하여 보호하고 있다.

대부분의 백로류는 봄이면 찾아와 여름내 새끼를 길러 내고 가을이면 필리핀, 인도네시아 등 이른바 강남 지역으로 이동하는 여름철새인 반면, 가을이면 한반도 북쪽에서 찾아오는 대백로는 우리나라에서 겨울을 나기 위해 찾아오는 멋진 겨울 손님이다.

동이 트기도 전인 이른 새벽, 물고기 사냥의 명수인 대백로의 멋진 모습을 촬영하기 위해 비릿한 짠 내음이 풍기고 살짝살짝 발이 빠지는 질척한 시화호의 갯벌에서 놈들을

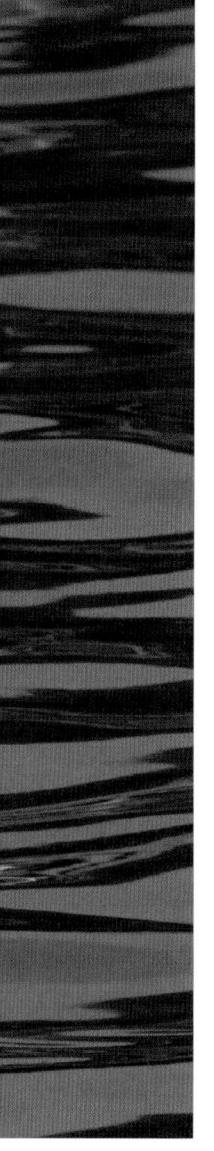

기다리건만 얄미운 눈썰미를 가지고 있는 대백로들은 위장막 속에 들어 있는 나를 알아 챘는지 좀처럼 내 주변으로 다가오지 않는다. 대백로의 군무를 촬영하기 위해 한달 동안 주말을 모두 투자하고도 부족해 몇 날을 더 보냈으나 아마도 이놈들은 내가 쏟아 부은 시간이 적다고 생각하는지 아쉽게도 좀처럼 멋진 모습을 사진으로 담는 걸 허락하지 않는다.

"백로는 부자 마을만 찾아온다."는 속설이 있다. 백로는 삼림이 울창하고 일년 내내 물이 풍부해 가뭄 걱정이 없으며 미꾸라지, 붕어 등 먹이가 많은 지역을 골라 둥지를 트는데 그런 서식 조건을 갖춘 마을이라면 살림살이가 넉넉한 부자 마을인 것은 어찌 보면 당연한 것인지 모르겠다. 백로의 발길이 끊이지 않는 풍요로움이 계속 이어지길 바라는 마음뿐이다.

▶ 대전의 대청댐 발전소 수문 앞 둑에서 발전기 터빈에 빨려 들어갔던 물고기가 기절해서 떠오를 때 그 물고기를 먹기 위해 몰려든 대백로, 쇠백로가 줄을 맞춰 서 있다. 먹이를 먼저 차지하기 위해 눈치 싸움을 벌이는 듯한 표정이 재미있다.

또 태양을 숭배한 우리 선조들은 하늘을 상징하는 서조瑞鳥로 여겨 태양 안에 살고 있는 세 발 달린 상상의 새가 까마귀三足烏라 믿었다.

그런가 하면 이승과 저승을 오가는 신의 사자라 믿어 까마귀의 울음소리를 불길한 죽음의 징조라고 여기기도 했다. 밤중에 울면 반란이나 살인이, 초저녁에는 화재가, 떼 지어 울면 싸움이 일어난다거나, 동쪽을 향해 울면 가난한 집에 손님이 오고, 서쪽을 향하면 나쁜 소식이 들린다거나, 전염병이 돌 때 울면 병이 더욱 퍼지고, 길 떠날 때 울면 고단한 길이 된다는 속설이 생겨나기도 하였다. 이는 까마귀의 탁한 지저귐이 주는 불쾌감이 나쁜 소식을 알려 준다는 속신으로 굳어진 연유다.

'오합烏合'이라는 말이 있다. 까마귀 집단이 리더 없는 단순 집합체임을 일컫는 말이다. 거기에 '지졸之卒'이란 말을 덧붙이면 규칙도 통일성도 없이 제멋대로 행동하는 사람들을 지칭하는 말이 된다.

하지만 동물 생태학의 권위자인 오스트리아의 로렌츠 박사는 "까마귀는 리더가 없어도 나름대로의 질서와 법칙을 가지고 있는 사회적 동물."이라고 말한다.

기억력이 좋지 않거나 잘 잊어버리는 사람들에게 흔히 "까마귀 고기를 삶아 먹었나." 하고 핀잔을 주지만, 앞으론 이 말도 해서는 안 될 것 같다. 최근 캐나다의 과학자들이 연구한 결과 까마귀는 먹이를 먹기 위해 나무 막대나 고리 같은 도구를 이용하거나 심지어 필요한 도구를 제작하기도 하는 등 지능지수(IQ)가 가장 높은 새로 밝혀졌기 때문이다.

아직 어둠이 채 가시지 않은 울산의 태화강변엔 적막함이 가득하다. 하늘을 찌를 듯한 대나무 숲에 잠자리를 정한 수만 마리의 떼까마귀들이 새벽의 정적을 깨며 동시에 검푸른 하늘로 날아오른다. 가장 부지런한 새로 이름난 까마귀들의 독특한 생태가 확인되는 순간이다. 날아오른 까마귀들이 도심을 뒤덮으며 군무를 펼치는 모습을 보고 있자니 불현듯 '이곳이 저들을 민족의 상징으로 삼던 고구려의 벽화 속에 나오는 전설 속의 땅이 아닐까.' 하는 생각이 든다.

경남 일대의 산과 들에서 먹이 활동을 하던 까마귀들이 이곳 울산 태화강변에 잠자리를 잡은 것은 빼곡히 자라난 대나무 숲이 겨울밤의 삭풍을 막아 주는 천혜의 안식처를 제공하고 있기 때문이기도 하지만 무엇보다도 저들이 깃들일 만한 장소가 사라진 것이라

고 생태학자들은 이야기한다.

  이제 우리 땅 어디에도 저들이 쉴 수 있는 안식처가 남아 있지 않아 이들은 도심으로 날아든다. 태양의 정기를 상징하던 하늘의 서조 까마귀가 옛 모습을 잃고 천덕꾸러기로 전락한 채 전깃줄에 앉아 아침을 맞는 현실이 가슴 아프기만 하다.

Little Tern

모래섬의 터줏대감
쇠제비 갈매기

　한낮의 작열하는 불볕 탓일까, 모래밭에 피어오르는 아지랑이가 시야를 흐리는 탓일까. 아른한 현기증이 이는 무더운 초여름날, 모래밭을 각종 장비를 메고, 지고, 들고 걷자니 발밑에서 올라오는 열기로 숨이 턱턱 막혀 버릴 지경이다. 드넓게 펼쳐진 영종도 매립지의 모래펄은 태양의 열기를 머금은 사막처럼 달아올라 그들의 영지로 들어서는 나에게 무언의 경고를 하는 듯하다. 쇠제비갈매기를 만나러 가는 길은 그렇게 험난했지만 그 무언가에 대한 기대감은 그래도 고통을 견뎌 낼 힘을 주는 모양이다.

이방인의 등장에 놀란 쇠제비갈매기들은 하늘로 날아올라 맴돌고, 이중 강단 있는 어미새 한 마리가 쌩 하니 바람을 가르며 머리 위로 내리꽂듯 하강한다. 둥지 주변으로 다가가지 못하도록 위협하려는 것이리라. 이놈들의 공격을 피해 재빠르게 위장막을 치고 들어가 아지랑이가 일렁이는 모래벌판에서 쇠제비갈매기들의 여름나기를 기록한다.

모래밭이 잘 보존된 해안가나 하천 주위의 자갈밭을 유심히 살펴보면 날렵한 유선형 날개를 펄럭이며 날아다니는 쇠제비갈매기를 볼 수 있다. 이놈들은 먹잇감이 포착되면 공중에서 정지비행을 한 채 물속을 살핀 후 그대로 낙하하여 물고기를 잡아먹는다.

쇠제비갈매기는 노란색의 길고 뾰족한 부리에 검은 두건을 쓴 듯한 머리, 조금 짧아 보이는 오렌지색 다리 그리고 제비를 연상케 하는 꼬리를 가지고 있다. 여름이면 전국의 하천과 해안, 하구에서 쉽게 찾아볼 수 있는 모래섬의 터줏대감이다.

여름이 시작되는 6월에 우리나라를 찾는 이놈들은 수컷이 암컷에게 물고기를 잡아 선물하는 '구애작전'으로 짝짓기를 하고, 알을 품는 암컷에게 수시로 먹이를 구해 줘 각별한 부부애를 보여 주는 새로 유명하다. '먹이 선물'은 차후 아비가 될 수컷이 가족을 부양해야 할 능력을 나타내는 척도가 되므로 그 횟수가 많으면 많을수록 짝으로 선택될 가능성이 크다고 한다.

많은 쌍들이 구애 기간 초기에 갈라서는데, 그 이유는 상대의 능력을 저울질한 암컷이, 상대 수컷이 형편없는 먹이 공급자로 판단되면 가차 없이 다른 짝을 찾아 나서기 때문이다. 이러한 행위는 암컷이 알을 낳고 부화하기 위해 필요한 모든 에너지를 수컷의 먹이에 의존하는 이들의 특이한 생태에서 기인한다. 그러나 짝을 맺은 쌍들은 새끼를 위해 헌신적으로 노력하는 따뜻하고 정감 있는 부부로 살아간다.

쇠제비갈매기는 무리지어 번식하며 집단 방어체계를 가지고 있다. 매와 황조롱이 같은 천적이나 백로와 왜가리 같은 주변 새들이 번식지로 잘못 들어섰다간 그곳에 있는 모든 쇠제비갈매기가 동시에 날아올라 침입자를 응징하는 집단 방어체계에 혼쭐이 난다.

그래서 흰물떼새는 이러한 쇠제비갈매기의 생태를 이용해 자신들의 둥지를 지키려고 그들의 번식지에서 더부살이를 하기도 한다.

최근 건축용 골재 수요의 증가로 전국의 하천과 하구의 모래섬이 지역자치단체의 큰 수입원이 되면서 쇠제비갈매기와 흰물떼새들이 보금자리를 잃어 가고 있다. 모래섬이 사라지면서 주변에서 흔히 볼 수 있던 이들이 우리 하천에서 하나 둘 떠나가고 있다.

▼ 괭이갈매기

▲ 붉은부리갈매기

▼ 괭이갈매기

▲ 붉은부리큰제비갈매기
우리나라에서 볼 수 없었던 미기록 종. 나는 2002년 광주 호남대에서 열린 한국조류학회에서 김우수, 유승화 씨와 공동으로 '한국에서 붉은부리큰제비갈매기 국내 첫 기록'에 대해 발표하였고 이 새의 국내 첫 관찰자로 인정받게 되었다.

Long-billed Plover

강인한 모성애의 상징

흰목
물떼새

하천과 냇가의 자갈밭을 거닐다 보면 작고 깜찍한 새 한 마리가 갑자기 길을 막아선다. 길을 막아선 놈은 손을 허리에 올리고 짝다리를 하고 서선 '한발 더 다가서면 가만두지 않겠다.'고 으름장을 놓는 장난기 가득한 악동 같아 보인다. 내가 한 발짝 다가서면 한 발짝 물러나며 또 가만두지 않겠다고 으름장을 놓는다. 다가서면 물러나고, 또 다가서면 또 물러나고······.

얼마간 그놈을 쫓아다니다 보면 '한 번 더 만나면 그땐 정말 가만두지 않겠다.'고 말하듯 한참을 삑삑거리다 하늘로 날아올라 줄행랑을 친다. 참 어이없는 놈, 이놈이 바로 우리의 냇가나 강가에서 흔히 볼 수 있는 물떼새이다.

봄이면 강가의 자갈밭, 호수나 못의 모래땅, 하구 삼각주 등을 찾아와 둥지를 트는 물떼새들은 사람이나 천적이 나타나면 둥지를 보호하기 위해 다리를 절룩이거나 날개를 늘어뜨려 다친 새 흉내를 내는 의태擬態 행동으로 유명하다. 위험을 무릅쓰고 어떻게 해서라도 상대방이 자신을 쫓아오도록 유인술을 펼치는 어미 새의 연극을 보고 있자면 이 새의 모정에 감탄하지 않을 수 없다. 또, 이른 장마로 불어난 강물이 밀려들면 자신의 알과 새끼를 지키기 위해 가슴까지 차오르는 물속에서도 악착같이 알을 품고 심지어 봄바람에 굴러온 옆 둥지의 알까지도 자신의 품으로 끌어들이는 물떼새의 강한 모성애를 보면 이 새에게서 자식을 키우는 부모의 도리를 배워야 하지 않을까 하는 생각이 든다.

봄기운이 대지를 깨우며 만물이 소생하는 4월, 경북 포항시 형산강가에 둥지를 틀고 포란에 들어간 흰목물떼새의 부화 소식을 듣고 한걸음에 달려갔다. 봄기운이 완연하지만 차창을 스치는 들녘은 아직 겨울의 까풀을 다 벗어내지 못한 빛바랜 풍경이다.

조심스레 자갈밭으로 들어서니 목에 검은 스카프를 맨 듯한 물떼새 한 마리가 내 발길을 가로막는다. 흰목물떼새다. 꼬마물떼새와 달리 노란 눈테가 없고 머리와 가슴에 옅은 검은색의 줄무늬를 가지고 있는 흰목물떼새는 전 세계에 1만 마리 정도밖에 남아 있지 않아 국제적으로 멸종 위기에 놓여 있는 보호야생동물이다. 꼬마물떼새, 흰물떼새와 더불어 이 땅에서 새끼를 키워 내는 물떼새과 중 하나이지만 우리나라에선 아직까지 이들의 번식 생태가 정확히 알려진 바 없는 귀한 손님이다.

길을 막아선 흰목물떼새가 뻐딱하게 서서 고개를 끄덕거리는 품이 내게 시비를 거는 듯하다. 참으로 귀엽고 당찬 모습이 아닐 수 없다. 이들의 부화 소식을 듣고 먼 길을 마다하지 않고 찾아온 나를 못마땅히 여기는 이놈의 행동이 못내 서운했지만 새끼의 탄생을 기다리는 어미에겐 낯선 이의 등장이 반가울 리 없을 터, 조용히 물러나 이들의 둥지를 지켜볼 뿐이다.

흰목물떼새의 둥지를 지켜본 지 이틀째. 어제 오후부터 바람이 심상치 않게 불더니 아

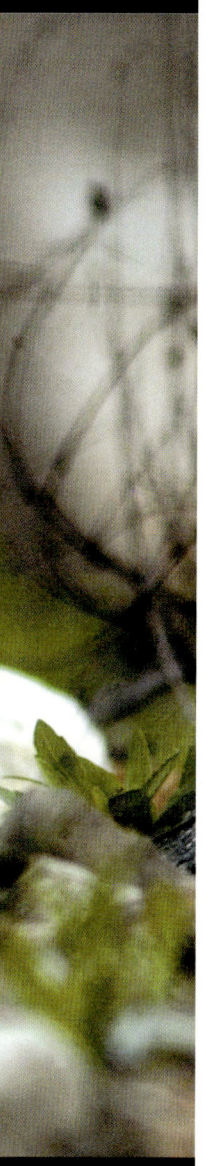

침엔 제법 굵은 빗방울이 대지를 적신다. 온몸으로 둥지를 감싸고 비를 맞고 있는 저들의 모습을 지켜보자니 영국의 시인 엘리어트가 그의 서사시 〈황무지〉에서 새 생명의 탄생을 준비하는 4월을 '잔인한 달'이라고 노래한 것처럼, 이른 봄 짝짓기를 하고 아직은 냉기가 올라오는 강변에서 자갈돌을 온몸으로 녹이며 알을 품는 저들에겐 이 봄이 잔인하게 느껴질지도 모를 거란 생각이 문득 들었다. 사흘 밤을 강가에서 떨며 보낸 나도 이번 4월은 무척이나 잔인하게 느껴질 것 같다.

셋째 날 오후, 흰목물떼새가 세 개의 알을 품은 지 25일 만에 드디어 첫 번째 새끼가 세상으로 나왔다. 그리고 밤 10시에 둘째 놈이, 마지막 놈은 다음날 오전에 태어났다. 꽃샘추위와 비바람 속에서도 둥지를 지켜낸 어미의 인내가 결실을 맺는 순간이다.

새끼의 탄생 순간을 사진으로 담으려 사흘을 이곳에서 숙식하며 기다렸건만 나는 부화의 순간을 사진으로 담지 못했다. 첫 번째 놈은 내가 예상치 못한 순간에 알에서 나와 버렸고, 둘째 놈은 한밤중에 태어나 사진으로 담을 수 없었으며, 셋째 놈은 어미가 첫째와 둘째만을 데리고 이소하려고 해 사진 찍기를 포기하고 부득이 내가 산파産婆가 되어 탄생하였기 때문이다.

자연에서 새 생명의 탄생을 지켜본다는 것은 언제나 흥미로운 일이 아닐 수 없다. 어느 생명일지라도 탄생의 순간은 신비스럽기 그지없기 때문이다. 어미새가 새끼 모두를 품고 있는 모습을 확인하고 올라왔지만 못내 이들의 소식이 궁금했는데 삼 형제가 무사히 잘 자라고 있다는 기별을 듣곤 너무 감사하고 기뻤다.

우리의 자연 하천에서 일어나고 있는 무분별한 골재 채취와 자연의 이웃을 고려치 않은 하천 개발은 이곳에서 자자손손 새끼를 키우며 살아왔던 물떼새들의 '삶'을 위협하고 있다. 하천을 개발할 때 이들이 서식할 수 있는 작은 공간을 남겨 두는 사람들의 배려가 없다면 결국엔 이들의 모습을 볼 수 없게 될 것이다.

노란 유채꽃이 봄바람에 물결치듯 흔들리고 종다리가 노래하던 형산강 역시 사람들을 위한 공원으로 조성되면서 이곳에서 태어난 흰목물떼새들은 찾아올 고향을 잃고 말았다.

개울에서 멱을 감고 대나무 소쿠리를 들고 송사리를 잡던 어린 시절, 물떼새의 꾐에 빠져 이리저리 자갈밭을 뛰어다니던 옛 추억이 그리워진다.

▼ 흰물떼새

▼ 꼬마물떼새

Common Kingfisher

물고기를 잡는 호랑이
물총새

    새들은 참으로 부지런한 짐승이다. 이놈들을 찾아다닌 덕분에 나도 이른 아침부터 하루를 시작하는 버릇이 생겼고, 오늘도 새들보다 먼저 호숫가에 도착하기 위해 달도 지지 않은 이른 새벽부터 부지런을 떤 것이다.
    간척으로 생겨난 거대한 인공호수 간월호로 흘러드는 와룡천은 해미천과 더불어 천수만을 찾는 각종 새들의 사냥터이다.
    물안개가 피어오르는 이른 아침, 와룡천에서 숨죽이고 있는데 어디선가 '퐁 퐁 퐁' 하며 물 튀기는 소리가 들려온다. 주변을 살피니 푸른 깃털을 가진, 참으로 귀엽고 앙증맞은 새 한 마리가 연방 물속으로 뛰어들며 물고기를 사냥하고 있다. 그 모습을 보고 있자니 개울가에서 물수제비 뜨던 어린 시절의 추억이 아련히 떠올라 입가에 미소를 머금게 된다.

호수나 큰 개울, 갯벌 근처의 물가를 찾으면 등에 비췻빛 깃털을 가진 작은 새가 날개를 펄럭이며 '포르르' 날아다니는 것을 볼 수 있다. 이 새가 바로 여름 철새인 물총새다.
날카롭고 긴 부리를 가진 물총새야말로 물고기들에게는 호랑이보다 무서운 존재라고 해서 조상들은 이 새를 '어호魚虎' 또는 늑대 같다 하여 '어구魚狗' 라고 불렀으며, 비취 보석에 견주어 '비취새', '취조翠鳥' 라는 별명을 지어 주기도 했다. 물고기 잡는 탁월한 솜씨는 동양뿐만 아니라 서양 사람들도 인정해 '킹피셔(Kingfisher)' 란 영어 이름을 가지고 있다. 북한에서는 물에 사는 촉새라 하여 '물촉새' 라고도 불린다.

물총새는 파랑새목 물총새과에 속하는 새로 머리가 몸에 비해 크고 부리가 길다. 등부터 꼬리까지 영롱한 비췻빛을 띠며, 머리는 물방울이 대롱대롱 매달려 있는 듯한 무늬로 장식하고 있다. 배는 황토색으로 물들이고, 부리 뒤에서 가슴까지 그리고 날개와 꼬리까지는 금속 광택이 나는 진녹색의 아름다운 깃털을 하고 있다. 겉모양만 보면 물고기를 잡는 '호랑이' 라기보다 물고기를 홀리는 '기생' 이라고 하는 것이 더 어울릴 듯하다.

물총새가 작은 날개를 펄럭이며 날아가는 모습은 빠르고 직선적이다. 냇물의 흐름을 따라 수면에 닿을 듯 낮게 나는데, 마치 푸른 점이 물을 가르며 날아가는 듯싶다. 물총새는 몇 곳의 사냥터를 정해 놓고 순회하는 방식으로 사냥하며, 좀처럼 자기 영역을 떠나는 일이 드물다. 그 주변의 나뭇가지에 올라앉아 소낙비가 내려도 몇 시간 동안이나 참을성 있게 먹잇감을 기다리는 모습을 보고 옛사람들은 '고독을 즐기는 새' 라고 일컫기도 했다.

물고기 사냥을 잘하는 물총새답게 고기잡이에 얽힌 옛이야기가 있다.
옛날에 한 어부가 재미있는 광경을 보았다. 물총새 한 마리가 흐르는 개울 옆 모래밭에 부리로 그림을 그려 두고는 조용히 기다렸다가 물고기가 뛰어오르면 날름 잡아먹는 것이었다. 이를 본 어부가 '저 물총새가 날아간 뒤에 그림을 베껴 두면 편하게 물고기를 잡겠구나.' 하고 기다렸는데, 물총새는 사냥이 끝나자 발로 그림을 지우고 떠나 버렸다. 물총새의 그림을 알아내기 위해 헤매던 어부는 마침내 막 그림 그리기를 끝낸 물총새를

찾아냈다. 어부는 새를 쫓아버리고 그 그림의 원형을 알아냈다. 그러나 어부가 그림을 그려 두고 아무리 기다려도 물고기는 뛰어오르지 않았다.

그 까닭을 찾아 골몰하기 몇 년, 어부는 결국 그림을 그리는 시간과 내용이 맞아야 한다는 것을 터득했는데, 이것이 액운을 막고 행운을 가져다주는 '부적符籍'의 유래라고 한다.

탁월한 물고기 사냥술을 본 사람들은 물총새에게 그 비법을 가져다주는 행운의 부적이 있을 거라고 생각했던 것 같다. 그래서 새와 물고기가 그려진 부적은 희망이 이루어지길 기원하는 의미가 있다고 한다.

물총새의 짝짓기는 한 편의 멜로영화 같다. 수컷이 가지 끝에 앉아 구애의 노래를 부르고 있으면 암컷이 다가와 곁에 앉는 듯하다 날아가 버린다. 수컷이 뒤쫓아 가 사랑의 춤을 추며 어우르다가 물고기 한 마리를 선물로 주며 청혼한다. 암컷이 이 선물을 받아들여야 비로소 짝이 된다.

둥지는 족제비나 쥐가 접근할 수 없는 흙이나 모래가 섞인 절벽에 암수가 부리로 구멍을 파서 마련한다. 매년 새 둥지를 파지만 때로는 같은 구멍을 몇 년 동안 사용하기도 한다. 하지만 조금이라도 이상이 생기면 정든 둥지를 포기하는 예민한 새이기도 하다.

사냥을 잘 하는 물총새는 보기와는 다르게 자기 둥지를 청소하지 않는 습성이 있다. 그래서 물총새 둥지는 항상 고약한 냄새가 진동한다. 하지만 자기 자신은 끊임없이 물에 뛰어들며 깃털을 매만지는 등 단장에 열중한다. 양면성을 지닌 인간의 면모를 보는 것 같기도 하다.

하지만 그런 물총새 역시 독특한 둥지를 트는 흙벽이 점차 없어지고 수질 오염으로 사냥할 수 있는 하천과 그 속에 사는 물고기가 사라져 가면서 생존에 큰 위협을 받고 있다. 안타까운 일이다.

Oriental White Stork

흰 저고리에 검정 치마를 입은
황새

　우리나라에서 한국전쟁 이후 좀처럼 볼 수 없었던 황새 한 쌍이 1971년 4월 1일 충북 음성의 한 농가 앞 아카시아 나무에 둥지를 틀고 번식하는 것이 발견되어 세상을 떠들썩하게 했다. 하지만 발견된 지 4일 만에 밀렵꾼에 의해 수컷이 총에 맞아 죽고, 그곳에서 10여 년 동안 무정란만 낳던 과부 황새도 탈진해 쓰러지자 1983년 11월 16일 당시 서울 창경궁 동물원으로 구조해 와 사육하게 되었다.

　서울대공원으로 옮겨진 이래 1987년 부산 을숙도에서 총상을 입고 쓰러진 수황새를 구조해 1988년 인공 번식을 시도했으나 실패했다. 결국 이 과부 황새는 대공원 우리에 갇혀 여생을 보내다가 발견된 지 23년 만인 1994년 9월 23일 쓸쓸히 죽고 말았다.

이렇게 텃새로 발견된 마지막 황새가 떠나간 뒤, 우리나라에서는 시베리아나 중국 동북지역에서 번식하는 황새가 월동을 위해 찾아오는 겨울철새가 되어 버렸다.

예로부터 우리 조상들은 황새가 날아들면 '좋은 일이 생긴다.' 하여 기뻐하였다. 그래서 황새를 극진히 대접하고 보호하였다. 서양에서도 황새는 행복과 끈기를 상징하여 길조로 여겨 왔는데 특히 황새가 날아들면 아기를 낳는다는 전설 때문에 아기가 있는 광주리를 물고 있는 황새의 그림을 종종 볼 수 있다. 유럽의 황새는 종종 민가의 지붕이나 굴뚝에 둥지를 틀고 생활할 정도로 사람과 친숙한 새이다.

유럽 황새보다 훨씬 큰 덩치를 가진 우리 황새는 러시아와 중국 동북부, 일본 등지에서 번식하던 황새와 같은 아종이다. 유럽 황새는 부리와 다리가 모두 붉은색인 데 비해 동아시아종은 다리만 붉고 부리는 검은색이다.

'황새'는 본래 '한새'가 변한 이름으로 여기서의 '한'은 '크다'라는 뜻이다. 황소가 누런 소가 아닌 큰 소를 지칭하는 것과 같다.

황새는 짝을 짓는 데 무척 신중하고 한번 짝을 맺으면 둘 중 하나가 죽기 전까지 평생 부부의 도리를 지키는 새로 이름나 있다. 과부 황새에게 새로운 짝을 지어 주려 했던 사람들의 노력이 수포로 돌아간 것도 황새의 이런 생태적 특성 때문이라 할 수 있다.

내가 황새를 보겠다고 처음으로 충남 천수만 간척지를 찾은 것은 1991년이었으나 아쉽게도 황새를 만나지 못했다. 그리고 1993년 다시 천수만을 찾았을 때는 온통 질척한 펄 흙만 뒤집어쓴 채 간척지를 무사히 빠져나온 것만으로도 감사해야 했다. 그후로 지금까지 그들을 보기 위해 수없이 천수만을 찾고 있으나 대부분 그림자조차도 보지 못했고, 보았다 하더라도 경계심이 강한 그들은 좀처럼 나의 접근을 허락하지 않았다.

지성이면 감천이라고 했던가. 아니면 나를 가엽게 여긴 것일까……. 2003년 겨울에

만난 황새들이 온종일 멋진 포즈를 취해 주었고, 황새에 대한 내 짝사랑에 종지부를 찍을 수 있었다. 황새를 찾아다닌 지 13년 만의 일이다. 천수만과 전남 순천만에는 매년 겨울에 3~5마리 정도의 황새가 도래하고 있다.

   나는 흰 저고리에 검정 치마를 입은 듯 단아한 황새를 볼 때마다 그 모습이 소박하면서도 강인했던 우리 민족과 가장 잘 어울리는 새가 아닐까 하고 생각한다.
   황새는 호반, 진펄, 논 등 습지대의 얕은 물가에서 물고기, 우렁이 등 주로 동물성 먹이를 찾는다. 따라서 이곳의 오염은 황새의 생존에 큰 영향을 끼친다.
   그들이 우리 곁을 떠난 가장 큰 이유는, 마지막 황새를 숨지게 한 밀렵꾼에게 있는 것이 아니다. 환경을 생각하지 않고 생산성만 높이는 영농법을 최고로 여기고, 개발 논리로 습지를 메워 버린 우리 자신에게 있다.
   우리의 들이나 집 앞 개울가에서 먹이를 찾았던 황새의 모습이 그리울 뿐이다.

Eurasian Eagle Owl

밤의 제왕

수리
부엉이

　우리나라에서 볼 수 있는 올빼밋과의 조류 중 덩치가 가장 큰 수리부엉이는 주황빛을 띤 커다랗고 부리부리한 노란색의 눈을 가지고 있다. 얼굴이 무표정한 여타의 새들과 달리 이놈의 얼굴이 꽤나 인상적으로 느껴지는 것은 바로 이 눈 때문일 것이다.
　수리부엉이는 판판한 얼굴에 두 눈이 모두 앞을 향하고 있어 새 같지 않은 '묘한 인상'을 자아내는데 어찌 보면 고양이나 살쾡이 같기도 한 게 새라기보다 산야를 뛰어다니는 야생동물처럼 보인다. 실제로 옛사람들은 수리부엉이를 고양이 얼굴을 닮은 매라 하여 묘두응猫頭鷹이라고 불렀다. 그런 인상에 걸맞게 수리부엉이는 야산이나 암벽지대에 서식하며 오리와 꿩 등 각종 조류와 토끼, 쥐 등 작은 포유류까지 먹이로 하는 생태계 최상위의 포식자요, 밤의 제왕으로 군림하고 있다. 그렇지만 이놈들은 사람들과 제법 친숙한 관계를 유지하며 살아가고 있는데 이는 사람들 주변에서 살아가는 것이 오히려 먹이를 쉽게 구할 수 있기 때문이다.

수리부엉이는 우리나라에서 서식하는 조류들 중 빨리 번식하는 새로 알려져 있는데 2월이면 알을 낳고 35일간의 포란 기간을 거쳐 부화시킨다. 이렇듯 추운 겨울에 서둘러 새끼를 부화시키려 하는 것은 각종 겨울 철새가 떠나기 전에, 이들을 먹잇감으로 하여 식욕이 왕성한 제 새끼를 키우려는 수리부엉이만의 독특한 육아전략 때문이다. "부엉이가 새끼 세 마리를 낳으면 대풍년이 든다.", "밤에 부엉이가 울면 그 해엔 풍년이 든다."는 속담이 있다. 이는 부엉이가 새끼 세 마리를 키우려면 밤마다 엄청난 수의 들쥐를 사냥해 먹여야 하므로 곡식 도둑을 소탕한다는 뜻으로, 이 때문에 옛사람들은 이들을 귀히 여겨 왔다.

살며시 먹잇감에 접근하여 맹수 같은 무시무시한 발톱으로 먹잇감의 숨통을 끊는 수리부엉이는 올빼밋과의 새들이 그러하듯이 날갯짓 소리가 전혀 나지 않는다. 이러한 사냥술 때문에 수리부엉이를 밤에 찾아오는 저승사자에 비유하기도 했는데, 아닌 게 아니라 한밤중에 듣는 부엉이의 울음소리는 섬뜩한 느낌을 준다. 그래서 부엉이가 동네를 향해 울면 그 동네의 한 집이 상喪을 당한다는 말이 생겨났을 정도다.

이놈들은 먹이를 비축하는 습성이 있어 "수리부엉이 둥지를 발견하면 겨우내 꿩이나 오리 고기를 대놓고 먹을 수 있다."는 속설이 생기기도 했는데 이 때문에 수리부엉이는 재물의 상징으로도 여겨졌다.

수리부엉이는 숫자를 셋까지 셀 수 있다고 한다. 그래서 먹이 저장 창고엔 항상 세 마리의 먹이를 저장하는데, 이때 저장해 둔 먹이를 모두 집어 오면 수리부엉이는 다른 동물의 소행임을 눈치 채고 먹이창고를 다른 곳으로 옮긴다. 그러나 먹이를 한 마리 남겨 놓으면 눈치를 못 채고 오히려 부족한 먹이를 비축하기 위해 사냥에 나선다.

사람들이 먹이를 모두 가로채 새끼가 굶어 죽는 것을 우려한 옛사람들의 배려에서 나

온 말이지만 이제 수리부엉이의 먹이가 되는 사냥감은 물론이고 이들이 살아갈 터전조차도 궁색한 지경이다 보니 새끼는 물론 어미까지 생존의 위협을 받고 있는 것이 오늘의 현실이다.

수리부엉이는 큰 덩치와 생김새답지 않게 소심하고 겁이 많다. 수리부엉이가 포란할 시기에 자칫 사람이 둥지로 접근할 경우, 놀라서 뛰쳐나간 어미 새가 좀처럼 돌아오지 않아 알들이 얼어 죽는 경우가 종종 있다.

지구상의 모든 곳에서 가장 위험하고 잔인한 동물로 통하는 인간이 다가오는 것을 알아채고 도망가지 않는 동물이 있을까마는, 새끼를 둔 어미가 평상시에는 상대하지 못할 천적에게 죽을힘을 다해 대항할 수 있는 힘이 '모정母情'이고 보면 자연 상태에서 거의 천적 없이 살아가는 수리부엉이가 쉽게 둥지를 포기하고 마는 생태적 특성은 이해하지 못할 자연의 수수께끼가 아닐 수 없다. 내가 하고 있는 수리부엉이에 대한 사진 작업이 좀처럼 진척되지 않는 이유도 여기에 있다.

내가 수리부엉이의 눈을 처음으로 자세히 본 것은 부상을 입고 한국조류보호협회에 구조돼 새장 속에 갇혀 치료를 받고 있던 놈을 만나고서다. 마치 보름달처럼 은은히 빛나던 노란 눈은 내게 너무나 인상적이었지만 놈의 눈빛은 몸이 아파 날 수 없는 처지를 호소하는 듯 슬퍼 보였다. 새장 속에 갇혀 있는 놈의 눈엔 야생으로 자유로이 살아가는 다른 녀석들에 대한 동경이 담겨져 있는 것 같았기 때문이다.

그 슬픈 눈빛은 나를 3년여간이나 대전, 영종도, 파주, 일산 등 수리부엉이가 서식하고 있는 곳으로 이끌었다. 새장 속에 갇힌 새의 눈빛이 아닌 하늘을 자유로이 날며 살아가는 수리부엉이의 강렬한 눈빛이 보고 싶었기 때문이다.

수리부엉이 주변에서 맴돌기를 여러 해…….
나는 아직 수리부엉이를 가까이에서 볼 기회를 갖지 못했다. 수리부엉이의 서식지는 대부분 절벽과 강으로 둘러싸인 중세시대의 견고한 성처럼 도저히 근접할 수 없는 난공불락難攻不落의 요새 같아 놈들의 성지를 사진으로 담는다는 것이 쉽지 않은 일이다.

사진은 사진을 찍는 이의 마음과 생각이다. 똑같은 대상을 사진가가 어떻게 느끼고,

생각하느냐에 따라 그 동물의 모습은 다르게 표현된다. 그리고 그 대상이 나만의 특별함으로 느껴질 때 표피적인 아름다움에서 벗어난 사진을 찍을 수 있다. 어떤 새나 동물에 대한 의미 부여는 내 자신의 마음속으로부터 생겨난다. 처음부터 애타게 그리는 마음이 생기기도 하지만 새를 만나는 횟수가 늘면서 생겨나기도 한다.

 우연히 촬영한 장면이 멋지게 나왔다 하여 아무리 사진에 의미를 부여한다 해도 그 사진이 감동을 주지 못하는 것은 사진에 그의 생각과 마음이 담겨 있지 않기 때문이다.

 이곳저곳으로 수리부엉이의 서식지를 찾아다닌 끝에 대전 유등천 주변의 한 야산에서 수리부엉이를 관찰하기에 적당한 장소를 발견하였다. 둥지 앞에 적당한 깊이의 개울이 잔잔히 흐르고 잘 발달된 자연습지와 넓은 농경지는 수리부엉이에게 좋은 사냥터이자 새끼를 키우기 위한 적당한 번식지일 뿐만 아니라, 둥지 옆에서 이들을 관찰하기에 적당한 공간이 확보되어 나에게도 너무나 훌륭한 장소였다.

 하지만 이곳에서 자라던 새끼들은 부화된 지 보름 만에 둥지에서 사라지고 말았다. 수리부엉이가 몇 해 동안 새끼를 키워 냈던 이곳이 동네 사람들의 산책로가 되어 버린 것을 못내 걱정했는데 그 우려가 현실로 나타난 것이다.

 은은한 달빛처럼 빛나는 눈을 마주 보고 전설 같은 그들의 이야기를 사진으로 담아 볼 그런 순간을 나는 애타게 기다리고 있다.

Eurasian Curlew

가장 높이, 가장 멀리 나는
마도요

"너희들은 모르지 우리가 얼마만큼 높이 나는지
저 푸른 소나무보다 높이 저 뜨거운 태양보다 높이 저 무궁한 창공보다 더 높이
도요새 도요새 그 몸은 비록 작지만
도요새 도요새 가장 높이 꿈꾸는 새……."

한때 젊은이들 사이에 유행했던 대중가요 중에 〈도요새의 비밀〉이라는 노래가 있다. 작곡가 박인호가 가사와 곡을 쓰고 가수 정광태가 부른 이 노래 덕분에 도요새는 가장 멀리 보고, 가장 높이 나는 새로 사람들에게 널리 알려지게 됐다.

우리나라는 대략 45종의 도요새들이 짧게는 일주일 미만에서 길게는 한달 이상 머물며 서해 연안의 갯벌과 내륙의 습지에서 먹이를 먹고 에너지를 재충전해 떠나는 중간 기착지의 역할을 하고 있다. 물새류 20만 마리가 날아드는 서해 갯벌은 국제적으로도 매우 중요한 철새 도래지요, 사막의 오아시스 같은 곳으로, 원거리 이동에 앞서 충분히 먹이를 먹어 에너지를 보충하는 휴양지이며 많은 새들의 생명까지 이어 주는 희망의 땅이다. 습지 보전을 위한 국제협약인 람사르 협약에 따르면, 물새류 2만 마리 이상이 도래하는 지역은 '람사르습지'로 지정해 보호해야 한다. 그럼에도 불구하고 아직도 갯벌을 매립의 대상으로 여기는 것이 우리의 현실이고 보면 우리 땅에 생명을 의지하고 살아가는 이들의 미래가 그리 밝지는 않은 듯하다.

도요새들은 대부분 봄과 가을에 북반구 툰드라의 번식지에서 호주 등 남반구의 월동지로 오가는데, 북극권의 시베리아에서 월동지인 호주의 거리는 무려 1만~1만 3,000킬로미터나 된다. 이들이 지구의 반 바퀴만큼 떨어진 번식지와 서식지를 오가는 긴 여정은 웅장한 한 편의 서사시가 아닐 수 없다.

대부분의 도요새들이 한반도를 지나치는 통과 새이지만, 몇몇 종은 우리나라에서 월동하기도 하는데 그 대표적인 새로 민물도요와 마도요가 있다. 마도요는 봄과 가을의 이동 시기에 우리나라 전역에서 볼 수 있는 흔한 새지만, 일부는 중부지방 이남에 남아 월동한다. 특히 금강 하구의 주변 갯벌은 1,000마리 이상이 겨울을 나는, 우리나라 최대의 마도요 월동지로 유명한 곳이다.

우리 갯벌에서 겨울을 나는 새라는 친숙함 때문이기도 하지만, 이놈들의 맑은 울음소리와 활처럼 굽은 긴 부리 등 신비감을 주기에 충분한 독특한 외모에 끌려 나는 겨울이면 이들이 월동하는 이곳을 찾고 있다.

　가을에 몰려들기 시작하는 도요새들은 갯벌에 밀물이 들면 파란 하늘을 무대로 군무를 펼친다. 갈색과 흰색으로 반전의 반전을 거듭하면서 변화무쌍한 '뫼비우스의 띠'를 허공에 그려 대던 무수한 점들이 한꺼번에 갯벌로 쏟아져 내리며 갑자기 작은 새들의 무리로 둔갑한다. 마치 마법이 풀리는 순간 같다.

　그리스의 신神 포세이돈의 노여움을 산 오디세이(Odyssey)가 10년이란 세월을 거쳐 집으로 돌아간 것처럼 도요새들 역시 신의 노여움을 산 것은 아닐까. 그래서 그토록 먼 거리를 여행했던 오디세이의 후예가 되었을지 모른다.

　솔개보다 높이 날아올라서 검푸른 바다와 목 타는 사막을 지나, 길 없는 광야를 따라 성난 비바람을 거슬러 훨훨 날아오르고 싶은 젊은이들의 억눌린 욕망을 대신 풀어 주고 상처받은 영혼을 감싸안아 주는 새. 여전히 가장 빨리 날고, 가장 멀리 보며 가장 높은 곳에서 꿈꾸는 새로, 언제까지나 겨울이면 찾아와 노랫말처럼 멋진 자태를 보여 주길 기원해 본다.

◀ 세가락도요

부 록

1. 검은머리물떼새 **Eurasian** Oystercatcher

겨울새. 천연기념물 제326호.

우리나라에서 검은머리물떼새의 생태는 1970년 초 강화도 서부에 위치한 대송도, 소송도 일대의 번식 사례로부터 알려지기 시작했다. 대체로 4~5월 초 무인도 갯바위 주변에 둥지를 짓고 얼룩무늬가 있는 2~3개의 알을 낳아 23~24일 정도 품으면 새끼가 부화하고, 어린 새는 한달 이상 어미의 보살핌을 받으며 성장하여 독립한다. 때론 하구의 모래섬과 매립지에 둥지를 틀고 번식하는 개체들이 종종 발견되기도 한다. 캄차카 반도가 대표적인 번식지이다.

2. 저어새 **Black-Faced** Spoonbill

여름새. 천연기념물 제205-1호.

세계자연보존연맹(IUCN)이 10년 이내에 멸종될 확률이 80%라고 경고한 바 있는 국제적인 희귀 조류다. 대부분의 물새들이 생존의 위협을 받고 있는 것이 오늘날의 현실이지만 특히 17~19cm 길이의 부리를 물속에 넣고 휘저으며 먹이를 잡는 저어새들에겐 30cm 이하의 얕은 습지가 없어서는 안 될, 생명을 잇는 터전이기 때문이다. 먹잇감이 풍부했던 예전의 습지에서는 효율적이지 못한 사냥술로도 충분했던 반면, 급격한 서식지의 환경 변화로 먹잇감이 사라지면서 이들의 독특한 사냥방법이 더 이상 통하지 않게 된 것이 저어새가 멸종의 위기를 맞게 된 요인이라고 생태학자들은 설명하고 있다.

3. 뿔종다리 **Crested** Lark

텃새.

뿔종다리는 대륙특산으로 일본 등 섬나라에는 없는 우리나라 토종 새다. 종다리과에 속하지만 머리에 큰 뿔 모양의 장식깃이 있고 비늘 모양의 날개깃이 있으며 대체로 몸통색은 옅다.

일본 조류학자에 의해 1883년에 처음 발견되어 1887년 영국에서 프랑스 학자에 의해 발표되었고 한국 참수리와 더불어 영명英名에 한국아종Korean으로 분류된 유일의 새다.

종다리보다 약간 큰 덩치와 길고 뾰족한 부리를 가지고 있으며, 알을 품는 포란 기간이 12일 정도, 새끼를 기르는 육추 기간 역시 13~15일 정도로 무척 짧다.

4. 쇠기러기 White-fronted Goose
겨울새.

부리와 이마 사이에 흰색의 테가 있고 우리나라 전역에서 볼 수 있는 대표적인 기러기이다. 철원 지역에는 쇠기러기가 많이 보이고 서산 등지에는 큰기러기가 더 많은 것으로 보아, 종에 따라 선호하는 지역이 있는 것으로 추정된다. 기러기는 경계심이 많아 시야를 확보할 수 있는 넓은 평야지역과 잠을 잘 수 있는 강이나 호수의 모래섬, 습지 등이 있는 지역에 도래하고 있다. 추수하고 난 뒤 논에 남아 있는 낟알과 벼의 뿌리를 즐겨 먹는다.

큰기러기 Bean Goose
겨울새.

환경부 지정 멸종 위기 야생조류로 보호되고 있는 새로, 검은 부리 끝에 황색의 띠가 있다.
한강 하구와 서산 등지에서 대규모의 무리가 발견되고 있으며 큰부리큰기러기 등의 아종이 있다. 쇠기러기와 비슷한 생태적 습성을 가지고 있으며 기러기류 중 쇠기러기 다음으로 많은 수의 개체가 우리나라를 찾아온다.

흑기러기 Brent Goose
겨울새. 천연기념물 제325-2호.

가을철 우리나라를 찾아와 월동하는 새로 얼굴과 목은 검정색이고 목에 흰색의 띠가 있는 것이 특징이다. 물가를 떠나지 않기 때문에 해안가에서 작은 무리로 발견된다.
우리나라에선 동해안과 낙동강 하구에서 적은 수가 월동하는 모습을 볼 수 있다.

5. 파랑새 Broad-billed Roller
여름새.

금속광택이 나는 청록의 몸 색깔을 가진 아름다운 새로, 날 때 흰색의 반점이 선명하게 보인다. 보통 나무 꼭대기나 전봇대 등의 높은 곳에서 기다리다 글라이더처럼 날아가 매미, 나방, 잠자리 등 곤충류를 잡아먹는다. 딱따구리, 까치의 묵은 둥지를 이용하여 3~5개의 알을 낳는다. 아시아 일대에 폭넓게 서식하며 "케케켓" "케케케켓" 하고 시끄럽게 우는 특징이 있다. 흔치 않은 여름철새로 북한에선 천연기념물로 보호하고 있다.

6. 큰고니 **Whooper** Swan

겨울새. 천연기념물 제201-2호.

길고 가는 목을 가진 대형 물새로 우리나라에서 볼 수 있는 대표적인 고니다. 부리의 노란색이 크고 뾰족하게 나와 있어 고니와 구분된다. 목을 세우고 부리를 수면과 평행하게 하여 헤엄쳐 다니며, 수초의 뿌리를 즐겨 먹는다. 겨울에는 5백 마리 이상의 큰고니가 무리를 짓는 경우가 있으며 저수지, 호수, 강 등에서 겨울을 난다. 우리나라를 찾는 고니는 큰고니가 제일 많고, 다음으로 고니, 혹고니순이다.

7. 가창오리 **Baikal** Teal

겨울새.

군집성이 강해 함께 월동하는 소형종의 오리이며 쇠오리보다는 크다. 얼굴에 노란색과 녹색의 태극 모양의 문양이 있어 태극오리라고도 하며 북한에서는 반달오리라 불린다. 멸종 위기의 새로 국제적인 보호를 받고 있다. 우리나라의 천수만 간월호에서 십만 마리 이상의 오리가 군집하며 이들이 펼치는 군무는 세계적인 볼거리로 이름나 있다. 한겨울이면 일부는 금강과 해남 간척지 등으로 내려가 월동하며 불규칙적으로 월동지를 왕래하는 것으로 알려졌다. 주로 논의 낙곡과 식물의 풀씨를 주식으로 하며 수서곤충류도 먹는 잡식성 오리다. 전 세계 개체군의 대부분이 우리나라에서 월동한다.

8. 검은등할미새 **Japanese** Wagtail

텃새.

이마와 눈썹선이 흰색이고 얼굴, 머리, 가슴과 등은 검은색이다. 배와 날개는 대부분 흰색이며 꼬리와 다리는 검다. 검은색의 부리는 가늘고 길다. 나무의 갈라진 틈이나 땅바닥의 풀숲에 밥그릇 모양의 정교한 둥지를 짓는다. 3~5개의 알을 낳고 11~12일 동안 포란하면 부화된다. 지금까지 겨울에 우리나라를 찾는 겨울철새로 알려졌으나 낙동강, 금강, 한강 수계에서 번식하는 개체들이 확인되고 있다.

백할미새 **Black-backed** Wagtail

겨울새.

검은색의 눈 선을 가진 것이 특징인 백할미새는 부리와 다리가 검고 이마, 얼굴, 턱밑은 흰색이며 멱은 검은색이다. 암컷은 회색의 뒷목을 가지고 있다. 강가나 호숫가에서 흔히 볼 수 있고 농경지에도 자주 나타난다. 가을이면 우리나라를 찾아와 겨울을 나고 캄차카 반도, 사할린, 일본 북부와 중국 동부로 이동하여 번식한다.

알락할미새 **White** Wagtail

여름새.

머리 위, 뒷머리, 등, 가슴, 어깨, 꼬리가 검은색이고 얼굴, 턱밑은 흰색이다. 검은색의 부리는 가늘고 다리는 흑갈색이다. 우리나라에서 가장 흔히 볼 수 있는 할미새로 하천, 냇가, 농경지, 산간계류에서 서식한다. 4~6월 동안 돌담이나 바위틈, 잡초 속의 땅 위에 둥지를 튼다. 아시아 대륙 전체에 폭넓게 분포하며 검은턱할미새, 시베리아알락할미새 등의 아종이 있다.

9. 뜸부기 **Watercock**

여름새. 천연기념물 제446호

몸은 푸른빛을 띤 검은색이며 이마에서 머리 위로 치켜 올라간 붉은색의 이마판이 있다. 부리는 노란색이며 다리는 붉은색이다. 비번식기엔 수컷이 암컷과 유사해져 구분하기 어렵고 수놈의 붉은색 다리는 연녹색이 된다. 수컷은 번식기가 되면 "뜸, 뜸, 뜸" 하며 울지만 암컷은 소리 내지 않는다. 곤충류와 달팽이 등을 즐겨 먹고 6~7월 논에서 벼 포기를 모아 둥지를 틀거나 논가의 풀숲에 둥지를 짓는다. 갈색의 얼룩이 있는 6~8개의 알을 낳고 부화되면 바로 둥지를 떠나는 습성이 있다. 올해에 천연기념물로 지정되었다.

10. 곤줄박이 **Varied** Tit

텃새.

얼굴은 크림색을 띤 흰색이고 머리 뒷부분과 턱은 검은색이다. 배는 오렌지색의 붉은 깃을 가지고 있고 날개는 청회색을 띠고 있다. 울창한 산림 지역, 절집 부근, 공원에서 흔히 볼 수 있고 둥지는 나무 구멍, 건물 틈, 인공새집에 짓는다. 암수가 동일하며 겨울에는 다른 종들과 혼성하여 무리를 짓기도 한다. 호기심이 강하여 사람들이 주는 먹이를 먹기 위해 손에 내려앉는 대담함도 가지고 있다.

박새 **Great** Tit

텃새.

대표적인 산림성 조류로 한반도 전역에서 흔히 볼 수 있다. 머리 위와 목은 검은색이고 뺨은 흰색이다. 배 가운데 검은색 세로줄이 있다. 암컷은 검은색의 띠가 좁고 어린 새는 명확하지 않다. 공원, 농촌 인가 근처의 나무 구멍이나 돌 틈에 밥그릇형의 둥지를 짓고 7~9개의 알을 낳아 12~13일간 포란하여 부화시킨다. 유라시아 전역에 넓게 분포하고 우리나라에선 참새보다도 더 많은 개체가 있는 것으로 파악되고 있다.

쇠박새 **Marsh** Tit
텃새.

이마, 머리 꼭대기는 광택이 있는 검은색이며 등, 허리, 어깨, 날개는 연한 회색이다. 얼굴과 목은 흰색이고 턱밑과 멱은 검은색이다. 산림이나 정원, 평지나 산지에서 서식하고 비교적 흔히 볼 수 있다. 박새와 번식 습성이 비슷하며 박새 중에서 가장 작다.

11. 오색딱따구리 **Great Spotted** Woodpecker
텃새.

우리나라에서 볼 수 있는 딱따구리류 중 가장 흔히 볼 수 있는 오색딱따구리는 최근 수목이 깊어지고 벌채가 줄어드는 등 서식 여건이 좋아지면서 도시 근교 야산이나 공원에서 관찰되는 횟수가 늘고 있다. 날개 좌우에 흰색의 V자형 줄무늬가 있고 뒷머리에 붉은색의 무늬가 있는 것이 특징이다.

보통 4~5개의 알을 낳고 15일 전후의 포란 기간을 거쳐 부화시킨다. 새끼는 20~24일 정도 키워 이소시킨다. 북한에선 알락딱따구리로 불린다.

큰오색딱따구리 **White-back** Woodpecker
텃새. 흔하지 않은 새.

모양은 오색딱따구리와 흡사하나 덩치는 더 크다. 날개에 희미한 줄무늬만 있을 뿐 흰색의 V자형 무늬는 가지고 있지 않다. 수컷의 머리는 붉은색이며 암컷의 머리는 검은색이다. 오색딱따구리보다는 좀 더 울창한 숲에서 서식하며 3~5개의 알을 낳고 12일을 전후 포란한다. 새끼는 24~28일 정도 키운 후 이소시킨다. 북한에선 큰알락딱따구리로 불린다.

12. 직박구리 **Brown-eared** Bulbul
텃새.

머리와 등은 푸른색을 띤 회색이며 날개는 회갈색이다. 뺨에는 밤색 무늬가 있고 몸은 갈색이다. 산림, 도시의 공원에서 시끄럽게 울어 대며 날아다니는 모습을 쉽게 볼 수 있다. 5~6월에 활엽수의 나뭇가지 사이에 둥지를 틀고 번식한다. 비번식기엔 무리를 지어 생활하며 나무 열매와 과일을 좋아한다.

13. 두루미 **Red-crowned** Crane
겨울새. 천연기념물 제202호.

이마에 붉은 점이 있고 멱과 목은 검은색이다. 우리나라를 찾아오는 새 중 140cm로 가장 큰 키를 가진 두루미는 예로부터 학이라 칭하며 귀히 여겼던 새다. 둘째와 셋째 날개깃이 검어 날개를 접고 앉으면 꼬리가 검은색처럼 보인다. 시베리아 동부, 아무르, 우수리 지역에서 번식하며 겨울이면 철원 등 월동지를 찾는다. 월동 개체는 200~300마리 정도이며 전 세계에 1,000마리 정도 남아 있는 멸종 위기의 새다. 민물고기와 곤충, 개구리, 식물의 뿌리와 벼, 밀 같은 곡식도 먹는다.

재두루미 **White-naped** Crane
겨울새. 천연기념물 제203호.

두루미보다 작은 덩치로 127cm 정도의 키를 가지고 있다. 붉은 뺨 안에 작고 동그란 노란색의 눈을 가지고 있다. 흰 목에 회색 띠가 있고 몸 전체가 잿빛을 띤다. 셋째 날개깃이 흰색이라 날개를 접으면 흰 꼬리를 가지고 있는 듯 보인다. 시베리아의 동부 지역에서 번식하고 겨울이면 한강 하구, 강원도 철원 평야, 주남저수지 등에 300여 마리의 새들이 매년 찾아오고 있다. 두루미와 더불어 멸종 위기에 있는 야생조류다.

흑두루미 **Hooded** Crane
겨울새. 천연기념물 제228호.

우리나라에서 볼 수 있는 두루미 중 가장 작은 100cm 정도의 키를 가지고 있다. 흰 머리와 목을 제외한 온몸이 회색이 도는 검정색이며 이마에 붉은 점이 있다. 셋째 날개깃이 길어 날개를 접으면 긴 꼬리가 있는 듯 보인다. 종종 흑두루미 무리 속에 검은색의 목을 가진 검은목두루미와 흑두루미와 검은목두루미의 잡종을 볼 수 있다. 최근 검은목두루미도 천연기념물로 지정되었다. 우리나라에선 1990년 초까지 대구의 화원 유원지에서 300~500마리의 흑두루미들이 월동했으나 강변에 비닐하우스가 난립하면서 소수의 흑두루미들이 순천만과 천수만에서 월동할 뿐 대부분의 개체는 일본으로 건너가고 있다. 최근 낙동강 지류인 구미 해평 강변을 일본으로 이동 중 중간 기착지로 사용하고 있다.

14. 까치 **Black-billed** Magpie
텃새.

천적이 사라져 급격히 늘고 있는 우리나라의 대표적인 텃새다. 까치가 없던 제주도에 1989년 인위적으로 방사하여 일부 도서를 제외하곤 한반도 전역에 분포하는 새가 됐다. 나뭇가지를 이용해 둥지를 틀고 그 안에 진흙을 발라 단단하게 만든다. 또 번식기의 까치는 영역이 있어 다른 새들의 침범을 막아 낸다. 까치가 없던 일본은 임진왜란 때 우리나라에서 가져간 것으로 알려져 있다.

15. 독수리 Black Vulture

겨울새. 천연기념물 제243-1호.

독수리의 독禿은 대머리 독자다. 그래서 독수리를 '대머리수리'라고도 한다. 우리나라를 찾는 독수리는 대부분 몽골에서 날아온 것들로 움직임이 느린 편이며 까마귀나 까치에게 쫓기기도 한다. 대표적인 스케빈저(Scavenger)로 알려져 있다.

16. 노랑부리저어새 Eurasian Spoonbill

겨울새. 천연기념물 제205호.

주걱같이 생긴 넙적한 부리의 끝이 노란, 노랑부리저어새는 겨울이면 우리나라의 하천, 하구 등의 습지를 찾는 진객이다. 우리나라에서 볼 수 있는 두 종의 저어새 중 하나이며 저어새보다 큰 덩치를 가지고 있다. 노랑부리저어새는 얼굴에서 검은 눈테 속에 붉은 눈동자를 확인할 수 있지만 저어새는 눈에서 부리로 이어진 검은 피부 때문에 눈을 찾기 어렵다. 습지에 나뭇가지나 갈대를 쌓거나, 나무 위에 둥지를 튼다. 유라시아 일부에서만 볼 수 있는 멸종 위기의 희귀새다.

17. 참새 Tree Sparrow

텃새.

대부분 인가 근처에서 서식하며 인간생활에 가장 적응한 소형 조류다. 비교적 이동성이 적어 한곳에 머물러 살며 둥지는 사람이 살고 있는 건물, 인공구조물에 튼다. 유라시아 대륙 전반에 걸쳐 서식하고 있다.

18. 황조롱이 Common Kestrel

텃새. 천연기념물 제323-8호.

적갈색의 등에 긴 꼬리에는 흑갈색의 가는 줄이 7~8개 있고 정지 비행할 때 펼쳐진 꼬리 끝엔 폭넓은 검은색의 띠가 보인다. 여름에는 산지에서 겨울에는 평지로 내려와 생활하는데 최근 도시의 건물과 인공구조물을 이용하여 번식하는 개체가 늘고 있다. 도시화에 성공한 최초의 맹금류이다.

19. 원앙 Mandarin Duck

텃새. 천연기념물 제327호.

오리류 중 가장 화려한 외모를 가지고 있으며, 딱따구리가 파 놓은 나무구멍이나, 인공새집에 둥지를 트는 독특한 습성이 있다. 황금빛을 띤 부채형의 셋째 날개깃이 하늘로 치솟은 듯 나 있어 더욱 화려하게 보인다. 겨울이면 수백 마리가 군집을 이루며 월동을 한다. 도토리를 좋아하며 9~12개의 알을 낳아 28~29일의 포란 기간을 거쳐 부화시킨다.

20. 장다리물떼새 Black-winged Stilt

여름새.

논이나 습지에 동그란 화산 분화구 형태의 둥지를 짓는다. 산란 초기에는 물고기, 지렁이 등 동물성 먹이를 먹고 새끼들은 논에서 자라는 각종 수서생물의 유충을 잡아먹는다. 특히 잠자리는 이들이 좋아하는 먹이 중의 하나다.

둥지를 지을 때 둥지 안에 작은 돌들을 물어와 까는데 이는 물에 뜨는 부상(浮上)형의 둥지를 고정시키기 위한 행위로 파악된다. 3~4개의 알을 낳고 암수가 번갈아 28일을 전후로 포란하고 새끼가 부화하면 바로 새끼들을 데리고 둥지를 떠나는 물떼새의 특징을 가지고 있다. 동남아시아와 중앙아시아 등 세계의 각지에 폭넓게 분포하고 있다.

21. 쇠가마우지 Pelagic Cormorant

텃새.

우리나라에서 볼 수 있는 가마우지류 중 가장 작은(76cm) 종으로 보랏빛 광택이 나는 깃털을 가지고 있다. 번식기엔 머리에 뿔처럼 우관이 돋아나며 눈 주위가 붉은색을 띤다. 겨울이면 사할린과 캄차카 일대의 개체들이 월동을 위해 내려와 그 수가 늘어나지만 우리나라의 백령도 일대의 섬에서 번식하는 텃새이다. 북한에선 까막가마우지로 불린다.

가마우지 Temminck's Cormorant

텃새.

녹색의 광택이 나는 깃을 가진 중형(84cm)의 가마우지로 우리나라의 서해 무인도 등지에서 번식한다. 넓은 바다에 살며 이들 역시 겨울엔 북쪽에서 내려오는 월동 개체들이 눈에 띈다. 북한에선 바다가마우지로 불린다.

민물가마우지 Great Cormorant

텃새.

갈색의 광택이 나는 깃털을 가진 대형(102cm) 가마우지로 바다로 흘러드는 강 하구, 호수에서 볼 수 있다. 민물가마우지는 다른 가마우지들과 달리 나무 위에 둥지를 만드는 독특한 생태를 가지고 있다. 북한에서는 갯가마우지로 불리고 있다.

22. 붉은머리오목눈이 Vinous-throated Parrotbill

텃새.

영명에서 알 수 있듯 부리가 앵무새처럼 엇갈려 있어 갈대 속에 숨어 있는 벌레를 찾아내고 풀씨 껍질을 잘 벗겨 낸다. 작은 관목에 둥지를 트며 두 차례 새끼를 키워 낸다. 모성이 강해 뻐꾸기가 탁란을 노리는 첫 번째 대상이다. 우리나라 사람들에겐 뱁새란 이름으로 더 친숙하고 북한에서는 부비새로 불린다.

23. 대백로 Great Egret

겨울철새.

온몸이 눈부시도록 순백색인 대백로는 전국적으로 도래하는 겨울철새이다. 한반도의 북쪽에서 번식하여 우리의 호수와 강, 냇가에서 월동을 하는데 군집을 이루는 특징을 가진다. 덩치가 약간 작은 중대백로는 우리나라에서 번식하는 여름철새다.

노랑부리백로 Chinese Egret

여름새. 천연기념물 제361호.

세계적으로 멸종 위기에 처한 희귀종으로 전 세계에 남아 있는 모든 개체가 우리의 서해 무인도를 찾아와 새끼를 키우는 귀한 손님이다. 번식기엔 부리가 진한 노란색을 띠며 다른 백로류에 비해 머리의 장식깃이 많다. 다리는 검고 발은 노란색이지만 겨울이면 다리 전체가 연녹색으로 변한다.

24. 까마귀 Carrion Crow
텃새.

온몸이 까맣고 약간의 녹색 광택이 있다. 까마귀류 중에서 중간 정도의 크기이며 침엽수림 나무 위에 둥지를 튼다. 번식기가 되면 고산지대로 올라가지만 겨울에는 저지대로 내려와 생활하여 쉽게 볼 수 있다. 거의 모든 것을 먹을 정도로 잡식성이다. 겨울에는 북쪽의 무리가 월동을 위해 찾아온다.

떼까마귀 Rook
겨울새.

까마귀와 비슷하나 덩치가 좀 더 작고 부리가 더 곧으며 뾰족하다. 부리 뒷부분이 하얗게 보인다. 가을이면 한반도를 찾아와 월동하는데 얼룩백이 갈까마귀와 혼성하여 월동하기도 한다.

큰부리까마귀 Jungle Crow
텃새.

우리나라에서 볼 수 있는 까마귀 중 가장 큰 덩치를 가지고 있고 산림과 농경지, 인가 주변의 숲에서 서식한다. 우리나라의 대부분 지역에서 볼 수 있으나 개체수가 흔한 새는 아니며 제주 한라산에선 관광객들이 주는 먹이를 받아먹을 정도로 사람들과 친숙하다. 한라산에서 번식한 기록도 있다. 정글이란 이름에서 알 수 있듯 울창한 나무와 나무 사이를 원숭이처럼 날아다니고 다른 종들과 달리 동남아시아 등 더운 지역에서도 서식한다.

25. 쇠제비갈매기 Little Tern
여름새.

제비갈매기 중 가장 작은 놈들로 노란 부리와 적황색의 발이 특징이다. 공중에서 다이빙하여 물고기를 잡아먹으며 정지비행을 하기도 한다. 전국의 하천, 해안, 하구의 모래섬에 집단 번식을 하며 유럽과 아시아 지역에 폭넓게 분포한다.

26. 흰목물떼새 Long-billed Plover
여름새.

우리나라에서 번식하는 세 종의 물떼샛과 중 가장 큰 덩치(21cm)를 가진 흰목물떼새는 국제자연보호연맹이 레드 리스트에 올려놓은 멸종 위기의 새다. 이마는 흰색이고 머리 부분과 가슴에 갈색의 띠가 있다. 돌과 자갈이 있는 강에 서식하며 "피잇- 피잇-" 하고 맑고 높은 울음소리를 낸다. 봄이면 우리의 강가에 찾아와 새끼를 키워 내는 전 세계 1만 마리 미만의 개체만 남아 있는 귀한 손님이다.

27. 물총새 Common Kingfisher
여름새.

몸집에 비해 큰 머리를 갖고 있는 물총새는 물방울 무늬를 가진 화려한 새로 흙벽에 구멍을 파 둥지를 틀고 새끼를 키운다. 대부분의 새들은 새끼에게 먹이를 먹이고 나면 젤라틴 막으로 싸여 있는 새끼의 배설물을 처리하는 것이 보통인데, 물총새는 그것을 내다 버리지 않아 둥지 주변에 심한 악취를 풍긴다. 하늘에서 정지비행을 하다 물속에 다이빙하듯 내리꽂히며 물고기를 사냥한다.

28. 황새 Oriental White Stork
겨울새. 천연기념물 제199호.

시베리아, 아무르, 하바로프스크, 연해주 등에서 번식을 마치고 찾아오는 황새는 여전히 멸종 위기의 야생조류로 특별보호대상이다. 황새는 울대가 없어서 울지 못하는데, 긴 부리를 부딪쳐 "따각따각" "가락가락" 하는 소리를 내어 배우자를 찾는다. 그런데 이때 부리를 부딪치며 내는 사랑의 세레나데가 800m 밖까지 들린다고 한다. 동아시아 지역의 황새는 유럽황새와는 별개의 종으로 구분되며 민물고기와 개구리, 들쥐, 곤충류를 먹는 대표적인 습지의 새다.

29. 수리부엉이 Eurasian Eagle Owl
텃새. 천연기념물 제324-2호.

머리 양쪽에 귀처럼 보이는 독특한 귀뿔깃을 가진 올빼밋과의 새다. 우리나라에는 모두 11종의 올빼밋과 새가 알려져 있는데 깃털이 있는 것을 부엉이, 없는 것을 올빼미라 부른다. 밤에 먹이를 사냥하기에 적합하도록 진화되었기 때문에 컴컴한 밤에도 정확히 먹잇감까지의 거리를 측정해 낼 수 있다. 먹이를 통째로 삼켜 소화가 되지 않는 뼈와 털은 덩어리로 토해 낸다.

사람의 안구는 100도까지 움직이는 반면, 부엉이류의 경우 단 2도만 움직일 수 있다. 그러나 몸을 움직이지 않고 목을 완전히 뒤로 돌릴 수 있으며 두 눈이 앞을 향하고 있기 때문에 초점을 쉽게 맞출 수 있다. 2~3월에 야산이나 강의 벼랑 틈에 2~4개의 알을 낳고 34~36일 동안 포란하여 부화시킨다.